最新牛病防治技术

车艳芳 编著

中国建材工业出版社

图书在版编目（CIP）数据

最新牛病防治技术 / 车艳芳编著. —北京：中国建材工业出版社，2016.12（2022.1重印）
ISBN 978-7-5160-1676-3

Ⅰ.①最… Ⅱ.①车… Ⅲ.①牛病－防治 Ⅳ.①S858.23

中国版本图书馆CIP数据核字（2016）第242664号

内 容 提 要

本书主要内容包括6章：牛繁殖基础知识，牛病诊断的依据、原则、方法和要求，临床各科疾病及其鉴别诊断要点，特疑病案分析与体会，著名品种介绍，快速诊疗对比参数，常见牛病防治问答。

本书具有全面性、系统性、创新性、实用性、科普性等特点，有利于临床兽医工作者减少误诊、误治事故的发生，也便于教师和学生在教学或科研工作中参考和使用。

出版发行：中国建材工业出版社
地　　址：北京市海淀区三里河路1号
邮　　编：100044
经　　销：全国各地新华书店
印　　刷：大厂回族自治县益利印刷有限公司
开　　本：710×1000　1/16
印　　张：14
字　　数：240千字
版　　次：2016年12月第1版
印　　次：2022年1月第2次印刷
定　　价：26.80元

本社网址：www.jccbs.com　微信公众号：zgjcgycbs

PREFACE

前　言

当今，我国养牛业蓬勃发展，特别是奶牛和肉牛的增长速度很快，对从业人员的需求量也与日俱增。但是，有的兽医工作者和养牛专业人员，尤其是年轻的一代人，其中有些曾是在院校学习的毕业生，在校学习期间多以猪、鸡为重点学习相关理论知识，较少或没有接触过牛病诊治实践。他们从业后，由于理论知识和临床经验不足，操作技术不够熟练，应付复杂的牛病诊断与防治的能力亟待提高。为此，编者在知识准备充分的基础上，结合几十年的实践、教学和科研工作经验，编写了这本《最新牛病防治技术》，意在给从业者提供一些有益的帮助。

本书的思路是以基础病理为总根，器官病理为主干，疾病病理为枝梢，形成一种倒树状结构的类症鉴别方法，使读者在认识某一器官某一共性病变的基础上，再根据不同病因的特点和引起病变的特殊性，对患牛症状进行鉴别和分析，最后做出较快而正确的诊断，提出有效的防治措施。

本书文字通俗易懂，技术先进实用，配以适量图片，简要介绍基础知识，针对牛病难点进行论述，让初学者和从业人员学有所用，突出实用性、针对性、指导性。

本书在编写过程中得到了国内相关专家的大力支持和帮助，并参引了许多专家、学者和同行们的医疗成果和经验，在此一并表示感谢。

由于编者水平有限，书中难免有错误和不当之处，恳请广大读者批评指正。

编　者

2016年8月

CONTENTS

目　录

第一章　牛繁殖基础知识

第一节　种公牛生殖器官及其机能

种公牛生殖器官（见图1-1）包括：睾丸、输精管道（包括附睾、输精管和尿生殖道）、副性腺（包括精囊腺、前列腺和尿道球腺）、阴茎。

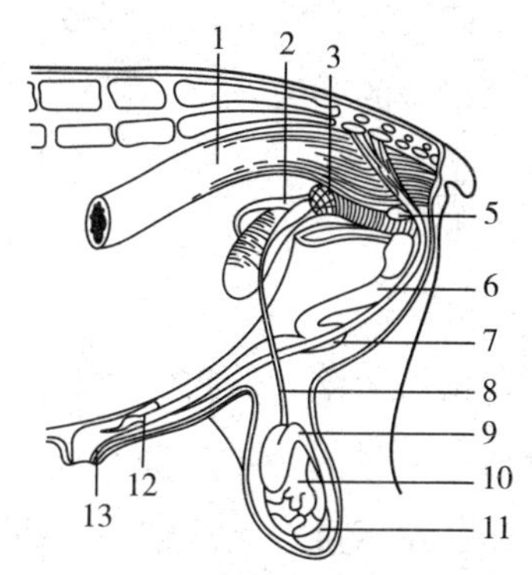

图1-1　种公牛的生殖器官

1.直肠；2.输精管壶腹；3.精囊腺；4.前列腺；5.尿道球腺；6.阴茎；7.S状弯曲；8.输精管；9.附睾头；10.睾丸；11.附睾尾；12.阴茎游离端；13.内包皮鞘

一、睾丸

1. 解剖

睾丸是具有内外分泌双重机能的性腺，为长卵圆形。牛的左侧睾丸稍大于右侧，分散在阴囊的两个腔内。睾丸在胎儿期由腹腔下降进入阴囊内。如果成年种公牛有一侧或者两侧未下降进入阴囊，称为隐睾。隐睾睾丸的分泌机能虽未受到损害，但睾丸对温度的特殊要求不能得到满足，从而影响生殖机能。如为双侧隐睾，种公牛虽有性欲，但无生殖能力。

2. 组织

睾丸的表面被以浆膜，其下为致密结缔组织构成的白膜。从睾丸和附睾头相接触一端，有一宽0.5～1厘米的结缔。

组织索伸向睾丸实质，构成睾丸纵隔，由它向四周发出许多放射状结缔组织直达白膜，称为中隔。它将睾丸实质分成许多（100～300个）锥形体的小叶，称为睾丸小叶。小叶尖端朝向睾丸的中央，每个小叶由2～3条非常细而弯曲的曲精细管构成。曲精细管的直径0.1～0.3毫米，管腔直径0.08毫米，腔内充满液体。

曲精细管在各小叶的尖端先后各自汇合成直精细管，穿入睾丸纵隔结缔组织内，形成弯曲的导管网，叫睾丸网。由睾丸网最后分出10～30条的睾丸输出管，形成附睾头。

3. 机能

（1）生精机能（外分泌机能）。曲精细管的生殖细胞经过多次分裂后，最后形成精子。精子随精细管的液流输出，并经直精细管、睾丸网、输出管，最后到附睾。

（2）分泌雄激素（内分泌机能）。间质细胞分泌的雄激素（睾酮），能激发种公牛的性欲及性兴奋，刺激第二性征，刺激阴茎及副性腺发育，维持精子生成及附睾精子的存活。

二、附睾

1. 结构

附睾附着于睾丸的附着缘，分头、体、尾三部分。睾丸输出管在附睾头部汇成附睾管。附睾管极度弯曲，其长度为35～50米，管腔直径0.1～0.3毫米。管道逐渐变粗，最后过渡为输精管。附睾管壁很薄，其上皮细胞具有分泌作用，分泌物呈弱酸性，同时具有纤毛，能向附睾尾方向摆动，以推动精子移行。附睾尾部粗大，有利于贮存精子。附睾管的管壁包围一层环状平滑肌，在尾部很发达，有助于在收缩时，将浓密的精子排出。

2. 机能

（1）附睾是精子最后成熟的地方。睾丸曲精细管产生的精子，刚进入附睾头时形态上尚未发育完全，此时活动微弱，没有受精能力。精子通过附睾过程中，增加了精子的运动和受精能力。精子通过附睾管时，附睾管分泌的磷脂及蛋白质，形成脂蛋白膜，附在精子表面将精子包起来，它能在一定程度上防止精子膨胀，也能抵抗外部环境的不良影响。

（2）贮存精子。在附睾内贮存的精子，60天内具有受精能力。如贮存过久，则活力降低，畸形及死精数增加，最后死亡而被吸收。所以，长期不配种的种公牛，第一、第二次采得的精液，会有较多衰弱和畸形的精子。反之，如果配种过频，则会出现发育不成熟的精子，故须很好掌握配种频度。精子之所以能在附睾内长期贮存的原因尚不完全清楚。但一般认为，附睾管上皮的分泌作用能供给精子发育所需要的养分；附睾内pH值为弱酸性（6.2～6.8），可抑制精子活动；附睾管内的渗透压高，精子发生脱水现象，导致精子缺乏活动所需的最低限度的水分，故不能运动；附睾温度也较低。这些因素可使精子处于休眠状态，减少能量的消耗，从而为精子的长期贮存创造了条件。

（3）附睾管的吸收作用。来自睾丸的稀薄精子悬浮液，在通过附睾管时，其中水分被上皮细胞所吸收，因而在附睾尾成为较浓的精子悬浮液。

（4）附睾管的运输作用。精子在附睾内不能活动，要靠纤毛上皮活动，以及附睾管平滑肌的蠕动作用才能通过附睾管。睾丸及附睾的组织结构见图1–2。

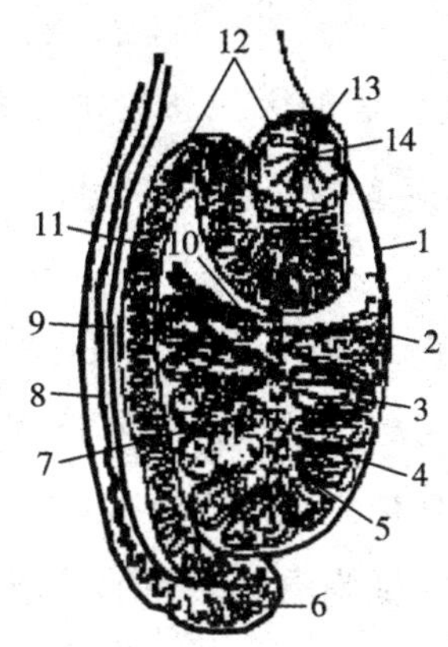

图1–2　睾丸及附睾的组织结构

1.睾丸；2.曲精细管；3.小叶；4.中隔；5.纵隔；6.附睾尾；7.直精细管；8.输精管；9.附睾体；10.直精细管；11.附睾管；12.附睾头；13.输出管；14.睾丸网

三、输精管

输精管是由附睾管延伸而来，沿腹股沟管到腹腔，折向后方进入盆腔。输精管是一条壁很厚的管道，主要功能是将精子从附睾尾部运送到尿道。输精管的开始部分弯曲，随后变直，到输精管的末端逐渐形成膨大部，称为输精管壶腹，其壁含有丰富的腺体，在射精时具有分泌作用。输精管在接近膀胱括约肌处，通过一个裂口，进入尿道。输精管的肌层较厚，交配时收缩力较强，能将精子排送入尿生殖道内。在输精管内，通常也贮存一些精子。

四、副性腺

副性腺（图1–3）包括精囊腺、前列腺及尿道球腺。射精时，它们的分泌物，加上输精管壶腹的分泌物混合在一起称为精清，与精子共同组成精液。

1. 解剖

精囊腺成对，位于输精管末端的外侧。前列腺包围在尿道的起始部位，尿道球腺为成对的球状腺体，位于尿生殖道骨盆末端。

2. 机能

（1）冲洗尿生殖道，准备精液通过。阴茎勃起时，所排出的少量液体，主要是尿道球腺所分泌，它可以冲洗尿生殖道中残留的尿液，使通过尿生殖道的精子不致受到尿液的危害。

（2）精子的天然稀释液。从附睾排出的精子，与精清混合后，精子被稀释，从而加大了精液容量。

（3）供给精子营养物质。精子内某些营养物质是在其与副性腺液混合才得到的。当精子与精清（特别是精囊腺液）混合时，果糖即很快扩散进入精子的细胞内。果糖的分解是精子能量的主要来源。

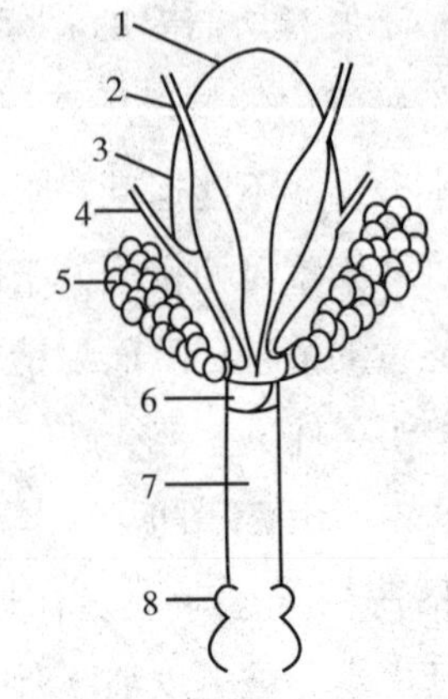

图1–3　副性腺（背面图）

1.膀胱；2.输精管；3.输精管壶腹；4.输尿管；5.精囊腺；6.前列腺；7.前列腺扩散部；8.尿道球腺

（4）活化精子，改变休眠状态。副性腺液的pH值一般偏碱性，碱性环境能增强精子的运动能力。副性腺液还能吸收精子运动所排出的二氧化碳，维持偏碱性环境。副性腺液的渗透压低于附睾，可使精子吸收适量水分而得以活动。

（5）帮助推动和运送精液到体外。精液的射出，是借助于附睾管和副性腺平滑肌及尿生殖道肌肉的收缩，但在排出过程中，副性腺的液流亦有推动作用。

（6）缓冲不良环境对精子的危害。精液中含有柠檬酸盐及磷酸盐，这些物质具有缓冲作用，从而延长精子存活时间，维持其受精能力。

副性腺的发育需依靠激素的作用，因此它们与睾丸的正常功能有紧密联系。

五、尿生殖道、阴茎和包皮

尿生殖道是排精和排尿的共同管道，包括骨盆部和阴茎两部分，膀胱、输精管及副性腺体均开口于尿生殖道的骨盆部。

阴茎是种公牛的交配器官。种公牛的阴茎形状细而圆，包括阴茎根、阴茎体和阴茎头三部分，主要由尿道、勃起组织和坐骨海绵肌组成。种公牛阴茎在阴囊后形成S状的弯曲。阴茎勃起时，此弯曲即伸直。

包皮是由皮肤凹陷而发育成的皮肤褶。阴茎在不勃起时，位于包皮腔内。牛包皮口围有长而硬的包皮毛，形成特殊的毛丛，包皮腔长35～40厘米。

第二节　母牛生殖器官及其机能

母牛的生殖器官（图1–4）包括三部分：卵巢、生殖道（包括输卵管、子宫、阴道）、外生殖器（包括尿生殖前庭、阴唇、阴蒂）。

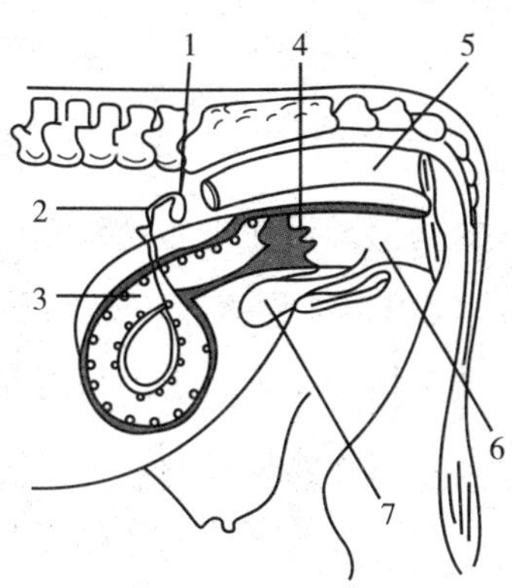

图1–4　母牛的生殖器官

1.卵巢；2.输卵管；3.子宫角；4.子宫颈；5.直肠；6.阴道；7.膀胱

一、卵巢

1. 形状

卵巢附在卵巢系膜上，其附着缘上有卵巢门、血管，神经由此出入。母牛卵巢长2～3厘米，宽1.5～2厘米，厚1～1.5厘米。

2. 组织构造

卵巢组织分皮质部和髓质部，外周为皮质部，中间为髓质部，两者的基质都是结缔组织。这种结缔组织在皮质的外面形成一层膜，叫白膜。白膜外面盖有一层生殖上皮。皮质部有卵泡，卵子在卵泡中发育。髓质部内有大量的血管、淋巴管和神经。母牛的卵巢结构（见图1–5）。

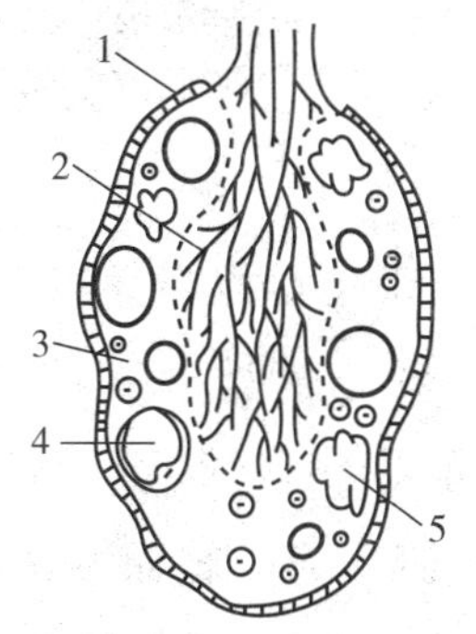

图1–5　卵巢

1.表层上皮；2.髓质；3.皮质；4.卵泡；5.黄体

3. 机能

（1）卵泡发育和排卵。卵巢皮质部的

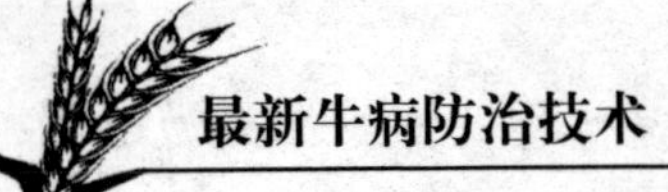

卵泡数目很多，它主要是由卵母细胞和周围单层卵泡细胞构成的初级卵泡，它经过次级卵泡、生长卵泡和成熟卵泡，最后排出卵子。排卵后，在原卵泡处形成黄体。

（2）分泌雌激素和孕酮。在卵泡发育过程中，围绕在卵细胞外的两层卵巢皮质基质细胞，形成卵泡膜，它又可再分为血管性的内膜和纤维性的外膜。内膜可以分泌雌激素，一定量的雌激素是导致母牛发情的直接因素。在排卵后形成的黄体能分泌孕酮，它是维持怀孕所必需激素的一种。

二、输卵管

1. 解剖

输卵管是卵子进入子宫的通道，包在输卵管系膜内，长15～30厘米，有许多弯曲。管的前半部或前1/3段较粗，称为壶腹，是卵子受精的地方。其余部分较细称峡部。管的前端（卵巢端）接近卵巢，扩大呈漏斗状，叫做漏斗。漏斗边缘上有许多皱褶和突起称为伞部，包在卵巢外面，可以保证从卵巢排出的卵子进入输卵管内。输卵管靠近子宫一端，与子宫角尖端相连并相通，称输卵管子宫口。输卵管的管壁从外向内由浆膜、肌肉层和黏膜构成，使整个管壁能协调收缩。黏膜上皮有纤毛柱状细胞，在输卵管的卵巢端更多。这种细胞有一种细长能颤动的纤毛伸入管腔，可向子宫摆动。母牛输卵管的横断面（见图1–6）。

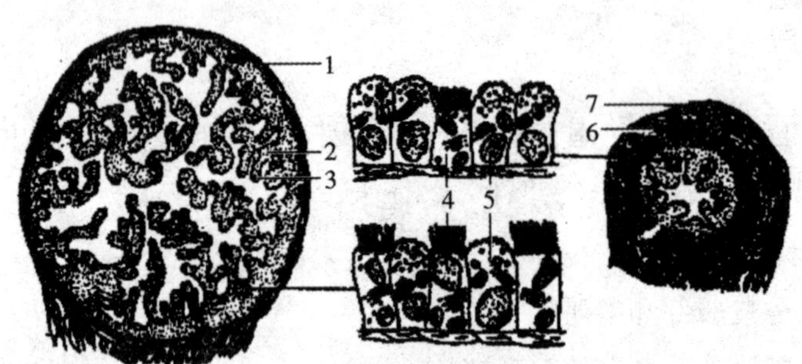

图1–6　输卵管的横断面

1.浆膜；2.初级纵褶；3.次级纵褶；4.纤毛细胞；5.分泌细胞；6.纵行肌层；7.环形肌层

2. 机能

①承受并运送卵子。排出的卵子被伞部接受，借纤毛的活动将卵子运输到漏斗，送入壶腹部。输卵管以分节蠕动及逆蠕动方式将卵子送到壶、峡连接部。②在输卵管处精子完成获能，精子卵子结合受精，以及卵裂。③分泌机能。输卵管的分泌细胞在卵巢激素影响下，在不同的生理阶段，分泌的量有很大的变化。母

牛发情时，分泌物增多，分泌物主要是黏蛋白及黏多糖，它是精子、卵子的运载工具，也是精子、卵子及早期胚胎的培养液。

三、子宫

1. 解剖

子宫包括子宫角、子宫体及子宫颈三部分。牛的子宫角之间有一纵隔，将二角分开称为对分子宫，又称为双角子宫。子宫有大小两个弯，小弯供子宫阔韧带附着，血管、神经由此出入。子宫颈前端与子宫体相通，为子宫内口，后端突入阴道内称子宫颈阴道部，其开口为子宫外口。

牛的子宫角长20～40厘米，基部粗1.5～3厘米，子宫体长3～4厘米。子宫颈是由阴道通向子宫的门户。牛的子宫颈长5～10厘米，粗3～4厘米，子宫颈阴道部突出于阴道中2～3厘米。子宫颈环状肌很厚并与黏膜构成几个彼此嵌合的皱褶，使子宫颈管成为螺旋状。母牛的子宫颈（见图1–7）。

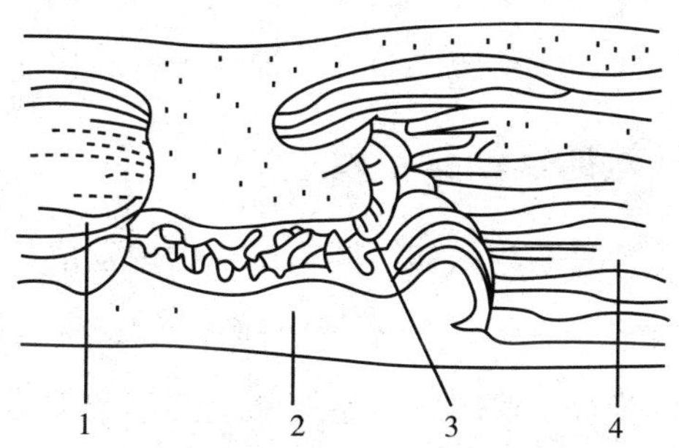

图1–7　母牛的子宫颈（正中矢状剖面）

1.子宫体；2.子宫颈；3.子宫颈外口；4.阴道

2. 机能

（1）母牛发情时，子宫借其平滑肌有节律地、强而有力地收缩，运送精子进入输卵管。母牛分娩时，子宫阵缩排出胎儿。

（2）子宫内膜的分泌物和渗出物，可为精子获能提供条件，又可供给胚胎营养需要。母牛怀孕时，子宫形成母体胎盘，与胎儿胎盘结合，成为胎儿与母体间交换营养和排泄物的器官。子宫是胎儿发育的场所。

（3）对卵巢的影响。在发情季节，如母牛未孕，在发情周期的一定时期，子宫角内膜所分泌的前列腺素，对同侧卵巢的发情周期黄体有溶解作用。

（4）子宫颈是子宫门户，在不同的生理状况下收缩和松弛。子宫颈是经常

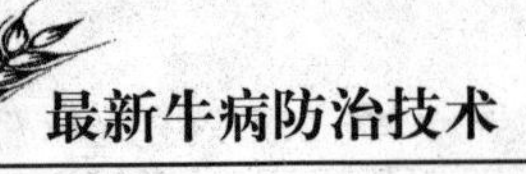

关闭的，以防异物侵入子宫腔。发情时稍为开张，以利精子进入。妊娠时子宫分泌黏液闭塞子宫颈管，防止感染物侵入。母牛临近分娩时颈管扩张，以便胎儿产出。

第三节　牛的性成熟期及初配年龄的确定

一、种公牛的性成熟期及初配年龄

不同种或品种的种公牛，性成熟的年龄有一定的差别。种公牛的生殖机能在6~8月龄前，主要表现为骨骼和体格的生长。此后，种公牛的生殖器官和生殖功能迅速发育，睾丸开始产生精子，具备了繁殖后代的能力。但为了充分利用种公牛的种用性能，保证精液的品质，提高其利用年限，种公牛在此阶段仍不能用于正常的配种或采精。

为了育种工作的需要，后裔测定的青年种公牛可从12~14月龄开始采精。

二、母牛的性成熟期及初配年龄

母牛出现第一次发情时期叫做初情期。母牛出现发情是其进入性成熟和具备繁殖后代能力阶段的标志。一般母犊牛到6月龄前后，生殖器官的生长速度明显加快，逐渐进入性成熟阶段。此时，各生殖器官的结构与功能日趋完善成熟，性腺能分泌生殖激素，卵巢基本发育完全，开始产生具有受精能力的卵子，并出现发情征状。

母牛到达性成熟时，虽然已经具备了繁殖后代的能力，但由于其骨骼、肌肉和内脏各器官仍处在快速生长阶段，如果过早地交配，不仅会影响其本身的正常发育和生产性能，并且还会影响到幼犊的健康。因此，青年母牛不能过早配种。

决定母牛初配的年龄，主要根据牛的生长发育速度、饲养管理水平、气候和营养等因素综合考虑，但更重要的是根据牛的体重确定。一般情况下，青年母牛的体重要达到成年母牛体重的70%左右，才可进行第一次配种。大型奶牛为350~420千克，我国黄牛为150~250千克。达到这样体重的年龄，饲养条件好的早熟品种为14~16月龄；饲养差的晚熟品种为18~24月龄。我国水牛的初配年龄，一般应控制在3～4岁，营养好、生长快的可提前到2～2.5岁。母牦牛多在性成熟期配种。

育成母牛也有提前交配产犊的趋势，一般多在14～16月龄配种，23～25月龄产犊。这是加快遗传进展，节省劳力和降低成本，以充分发挥生产潜力的措施之一。但是，育成母牛能否提前配种，应根据其生长发育和健康状况而定，只有发育良好的育成母牛，才可提前配种。牛的初情期、性成熟期、适配年龄及繁殖停止年龄见表1。

表1　牛的初情期、性成熟期、适配年龄及繁殖停止年龄

品　种	初情龄（月龄）	性成熟（月龄）	适配年龄（月龄）	繁殖停止年龄（岁）
牛	8～12	8～14	18～24	13～15
水牛	10～15	15～20	24～36	13～15
牦牛	12～18	18～24	30～36	10～13

第四节　母牛的生殖生理

一、发情及发情鉴定

1. 发情征状正常

发情征状包括卵巢、生殖道、行为及接受爬跨等方面的变化，这些变化的程度因发情期的不同阶段而有差异。

（1）卵巢的变化　在发情前2～3天，卵巢内卵泡发育很快，卵泡内膜增厚。随着母牛发情，卵泡增大，卵泡液不断增多使卵泡体积不断增大，卵泡壁变薄突出于卵巢表面，最后成熟排卵，排卵后逐渐形成黄体。

（2）生殖道的变化　在发情过程中，因雌激素的作用生殖道发生一系列的变化：阴部充血、肿胀，子宫颈松弛、充血，颈口开放，腺体分泌增加。这些变化在发情的各个阶段有所不同，一般在发情旺期充血肿胀最为明显，子宫颈开口也最大。从子宫颈流出的黏液量由多到少并变稀，这些变化适合于精子的通过和运行，有利于交配和受胎。

发情母牛子宫腺体分泌增多，输卵管上皮增长、管腔扩大、分泌物增多，输卵管伞部兴奋、扩张并包裹卵巢，准备接受卵子。这些变化为受精后受精卵的营养和附植做好了准备。

（3）行为的变化　在发情时由于卵泡分泌的雌激素增多，刺激神经系统性中枢，引起性兴奋，母牛表现为兴奋不安，对外界的变化刺激十分敏感，常哞叫、举尾拱背、频频排尿、食欲减退、反刍减少，有的奶牛泌乳量减少。

（4）接受爬跨　牛群放牧饲养或群体舍饲时，在牧地或运动场相互爬跨。发情母牛行为最突出的变化是在室外运动场上爬跨其他牛或接受其他牛爬跨。在发情开始不大愿意接受，被爬时有逃避现象。但在发情旺盛期接受其他母牛爬跨，静立不动，这种状态称为“静立发情”，是检验发情的最好标准。据报道，发情母牛被爬跨的次数比非发情牛的次数多4倍以上。

2. 发情持续期和发情周期

牛的发情持续期指从发情征状出现，到征状消失所持续的时间，一般为15～18小时。牛种及品种、年龄、营养状况、环境温度的变化等都可以影响牛的发情持续期的长短。一般初情期的牛和老年牛的发情持续期较壮年牛短。

正常母牛在初情期后，卵巢上出现周期性的卵泡发育和排卵，并伴随着生殖器官及整个机体发生一系列的生理变化。这种变化周而复始，一直到性机能停止活动为止，这种性的周期性活动称之为性周期发情周期。发情周期的计算是从这次发情到下一次发情开始的间隔时间为一个发情周期。母牛的发情周期因牛种而异，平均为21天，青年母牛为20天（18～24天）。同一牛种因个体也略有差异，如黄牛约为20.5天，奶牛为21.7天，水牛平均为21.4天，范围在16～25天，母牦牛个体间差异较大，以18～25天者居多。不同牛种和品种的发情持续期、发情周期和产后发情时间见表2。

表2　牛的发情持续期、发情周期和产后发情时间

牛种或品种	发情持续期（小时）	发情周期（天）	产后第一次发情（天）
黄牛	30（17～45）	21（18～24）	58～83
奶牛	18（13～26）	21（20～24）	30～72
肉牛	16～18	21（20～25）	46～104
水牛	25～60	21（16～25）	42～147
牦牛	48	18～25	—

3. 发情鉴定方法

母牛发情时，其精神状态和生殖器官等都有一定的变化。根据牛在发情时的生理、生殖器官以及行为方面的变化，可以比较准确地判断牛的发情状态，避免

因牛的发情持续时间比较短、或安静发情而造成的漏配。准确地掌握发情鉴定技术是提高受胎率的关键。

鉴定母牛发情的方法有多种。如测定母牛血液或奶中的雌激素或其他生殖激素的水平，根据其性周期的变化规律，诊断母牛的发情；在群牧饲养的牛群中，用切断输精管或切除阴茎的种公牛进行试情，或用特别爱爬跨的母牛代替种公牛，进行试情，可观察到试情牛紧随发情母牛；在试情牛胸前涂以颜色或安装带有颜料的标记装置，则凡经爬跨过的发情母牛，都可在尻部留下标记。在生产实践中，母牛发情鉴定的主要方法是根据牛的行为变化和生殖器官的变化进行判断，主要的技术有外部观察法、阴道检查法和直肠检查法。

（1）外部观察法　发情母牛表现兴奋不安，经常哞叫，两眼充血，眼光锐利，感应刺激性提高；拉开后腿，频频排尿；在牛舍内常站立不卧，当有人走过其后部时，常回顾；食欲减退，反刍的时间减少或停止。发情强烈的母牛，体温略有升高（0.7～1℃）。在运动场或放牧时，发情母牛四处游荡，寻找种公牛，沿场四周走圈子，常常表现出爬跨和接受其他牛的爬跨。发情牛被爬跨时站着不动，并举尾，如不是发情牛，则往往拱背逃走。发情牛爬跨其他牛时，阴门搐动并滴尿，具有种公牛交配的动作。其他牛常嗅发情牛的阴唇，发情母牛的背腰和尻部有被爬跨所留下的泥土、唾液。必须注意的是，假发情和卵泡囊肿的母牛也有爬跨现象，应与真正发情母牛加以区别。

（2）阴道检查法　发情母牛外阴部红肿，阴道黏膜充血潮红，表面光滑湿润。子宫颈外口充血、松弛、柔软开张，排出大量透明的牵缕性黏液，如玻棒状，不易折断，在尾上端阴门附近，可看出黏液分泌物的结痂。发情初期的黏液清亮如水，随着发情时间的推移，逐渐变稠，量也由少变多，到发情后期，量逐渐减少且浑浊黏稠，有时含淡黄的细胞碎屑。不发情的母牛阴道苍白、干燥，子宫颈口紧闭。

（3）直肠检查法　检查者应剪短、磨光指甲，手臂涂润滑剂。手指并拢成锥形，缓慢伸入牛肛门，掏出粪便，再将手伸入肛门检查。手掌心向下，按压抚摸，在骨盆腔底部，可摸到一个长形质地较硬的棒状物，即为子宫颈，再向下前方，可摸到角间沟。沟的两旁为向前下弯曲的两侧子宫角，沿着子宫角大弯向下稍向下外侧可摸到卵泡。用手指检查其形状、大小，以及卵巢上卵泡的发育情况，从而判断母牛的发情状况。一般情况下，发情母牛子宫颈稍大而软。由于子

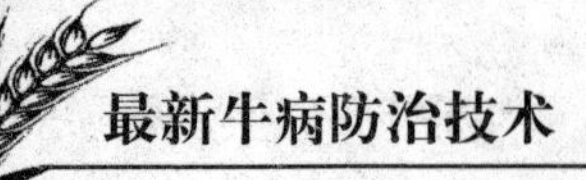

宫黏膜水肿，子宫角坚实、体积增大，子宫收缩反应比较明显。不发情的母牛，子宫颈细而硬，而子宫较松弛，收缩反应差。发情母牛卵巢中的卵泡表面突出，圆而光滑，触摸时略有波动。卵泡直径发育初期1.2～1.5厘米，发育最大时可达2.0～2.5厘米。在排卵前6～12小时，由于卵泡液的增加，卵泡紧张度与卵巢体积均有所增大。到卵泡破裂前，其质地柔软，波动明显。排卵后，原卵泡处有不光滑的小凹陷，此后将形成黄体。

直肠检查时要注意卵泡与黄体的区别。卵泡有光滑、较硬的感觉。卵泡与卵巢连接处光滑，无界限，呈半球状突出于卵巢表面，而没有退化的黄体在卵巢上一般呈扁圆形条状突起。此外，卵泡发育是进行性的，由小到大，由硬到软，由无波动到有波动，由无弹性到有弹性。没有怀孕时，黄体则发生退行性变化，发育时较大，较软，到退化时期则愈来愈小，愈来愈硬。

母牛受胎效果的好坏，准确掌握母牛的发情规律是关键。一般正常发情的母牛其外部表现比较明显，所以用外部观察辅以阴道检查就可以判断。但母牛发情持续期较短，不注意观察则容易漏配。在生产实践中，可以发动值班员、饲养员和挤奶员共同观察。建立母牛发情预报制度，根据前次发情日期，预报下次发情日期（按发情周期计算）。有些母牛常出现安静发情或假发情，有些母牛营养不良，生殖器官机能衰退，卵泡发育缓慢，排卵时间延迟或提前，对这些母牛通过直肠检查判断其排卵时间是很有必要的。

二、排卵

当卵巢中卵泡成熟时，卵泡腔中的卵泡液体积继续增加，卵泡承受压力也就不断增大。同时，卵泡液中的蛋白分解酶作用于卵泡壁，使它逐渐变薄，最后卵泡破裂。颗粒层细胞开始脂肪变性，卵细胞带着周围的放射冠和卵泡液一块儿排出，被输卵管伞部吸着，由伞部的纤毛细胞将卵子推移到输卵管中。

成熟卵泡排卵后形成黄体，黄体分泌孕酮，作用于生殖道使之向妊娠方向变化；若没有妊娠，黄体维持12天后开始逐渐退化，这种黄体称之为周期性黄体；若妊娠，黄体不退化，同时黄体体积增大，转变为妊娠黄体，一直维持到分娩前才退化。

在发情期，由于输卵管和子宫的韧带收缩，可使输卵管伞部接近卵巢，然后借着伞部纤毛上皮摆动所造成的流液，把卵子吸入输卵管。在卵巢任何部位的表面都可排卵。排卵的数目各种家畜不同，牛一般每次仅有1个卵子排出。在发情开始后16～30小时开始排卵，卵细胞从卵巢中排出后，在12～20小时保持着受精能力，一般不超过24小时。

三、受精

受精是指两性细胞（精细胞、卵细胞）结合后形成新的个体，这个个体叫合子。

1. 精子的运行

精子的运行是指精子在母牛阴道内由射精部位到受精部位的运动过程。牛射精于阴道，受精的部位一般在输卵管的上1/3处，因为卵子再往下移动时，卵子的外面形成一层蛋白膜阻碍精子进入卵内，无法受精。

精子运行的动力：精子的运行除靠本身的前进运动外，主要借助于母牛子宫和输卵管的收缩和蠕动。实验证明，牛精子到达受精部位的时间是15分，在趋向卵子时，精子本身的运动十分重要。牛精子在母牛生殖道内存活的时间为56小时。

2. 受精过程

受精可分4个阶段：第一阶段：精子溶解卵子放射冠阶段。当卵子排出后，卵子的周围包有一层卵泡细胞，它们变长排列，疏松呈放射状排列叫放射冠。这些细胞是由透明质酸紧密结合到一起的，当遇精子接触时，即被精子中所含的透明质酸酶所溶解，结果使这些细胞分离，放射冠被溶解，并把卵子从放射冠中释放出来。第二阶段：精子进入卵子透明带阶段。进入透明带，不是一个精子，可能是几个或几十个。精子进入透明带是有选择性的，一般只有同种或有的同属不同种的家畜精子才能通过。如牛、羊的精子不能进犬、猪卵子的透明带。第三阶段：精子进入原生质阶段。进入卵黄周围的几十个精子中，只有一个精子继续穿过卵黄膜进入卵子内。精子进入卵子后，卵子周围形成一层膜，阻止其他精子进入。其余的精子都停留在透明带以内和卵黄膜以外的卵子周围间隙中。第四阶段：生成合子阶段。进入卵黄膜的精子，头部的细胞核与卵细胞核相结合后，进而接近卵子并同化卵子的原生质，成为新的个体——合子。在受精过程中，两性生殖细胞间进行着复杂而有规律性的选择过程。用同种但不同品种家畜的精液混合授精时，亲缘关系较远的两性细胞间有优先选择性。

四、胚胎的早期发育

哺乳动物的卵子在输卵管上段受精后，受精卵借输卵管的蠕动和纤毛的摆动，被推移到子宫腔。此时，合子已发育到囊胚期，滋养层细胞分泌溶解酶，破坏子宫内膜，使胚胎种植到子宫内膜里，开始与母体子宫内膜接触。胚胎不断发育长大，渐渐向子宫腔突出，最后进入子宫内发育。牛的胚泡在子宫附植前极度拉长，在预定部位即子宫阜上附植。

五、胎膜

随着胚胎的发育，胎膜由羊膜、尿囊膜和绒毛膜组成。

1. 羊膜

它是包围胎儿外边的一层膜，内面的囊叫羊膜囊，内有羊水，胎儿浮于羊水中，羊水有保护胎儿和在分娩时润滑产道的作用。

2. 尿囊膜

在羊膜囊的外面，形成囊腔，叫尿囊。尿囊内有尿囊液。尿囊与胎儿膀胱有脐尿管相通，故尿囊有贮存胎儿代谢产物的作用。

3. 绒毛膜

在最外层，绒毛膜有绒毛。牛的绒毛在绒毛膜上聚集成许多乳头状突起，叫绒毛叶。绒毛膜上的绒毛，嵌入子宫黏膜而形成胎盘。

六、胎盘

胎盘是由胎膜的绒毛膜和子宫内膜共同构成的。胎盘的绒毛膜部分称胎儿胎盘，而胎盘的子宫内膜部分称母体胎盘。牛的胎盘叫绒毛叶胎盘（子叶胎盘），由绒毛叶上的绒毛与子宫肉阜互相嵌合而成。

胎盘是胎儿与母体进行物质交换的器官，胎儿需要的营养和氧气是通过胎盘从母体渗透而来的。胎儿的代谢产物（如二氧化碳和尿素）也是通过胎盘渗透给母体的。

七、妊娠的生理变化

妊娠后胚胎在母体子宫内发育的阶段叫妊娠期。妊娠期是从卵的受精开始至胎儿出生为止。牛妊娠后，由于妊娠黄体产生大量孕酮，卵泡不成熟也不排卵，子宫黏膜在发情前期就出现血管增生等变化，在受精后变得更明显。随着胎儿的发育，子宫的重量和体积都逐渐增加。腹腔的内脏受到子宫的挤压向前推动，这就引起消化、呼吸、循环、排泄等器官发生变化。这些变化可以从外部表现出来，我们常用此来作为母牛妊娠鉴定的初步依据。如性周期停止，食欲增加，身体肥胖，呼吸加快，肾机能紊乱，蛋白尿和尿频出现，孕牛腹围随怀孕时间而增大。怀孕后期，牛右腹壁突出、下垂。

八、分娩

发育成熟的胎儿和胎盘通过母牛的生殖道产出的生理过程叫分娩。

随着妊娠临近结束，母牛发生一系列分娩预兆。妊娠后期，母牛的乳房发育加快，特别是初产母牛更为明显。到分娩前约15天，母牛乳房迅速发育膨大，腺体充实，乳头膨胀，临产前一周有初乳滴出。临产前，阴唇逐渐松弛变软、水肿，皮肤上的皱襞展平，阴道黏膜潮红，子宫颈肿胀、松软，子宫颈栓溶化变成半透明状黏液排出阴门。骨盆韧带柔软、松弛，耻骨缝际扩大，尾根两侧凹陷，以适于胎儿通过。在行动上母牛表现为活动困难，起立不安，尾高举，回顾腹部，常作排粪尿状，食欲减少或停止。所有这些征状，说明母牛已近临产。此时应有专人看护，做好接产和助产的准备。一般情况下，在预产期前1～2周，就应将母牛移入产房，以对其进行特别的看护及照料，以保证母牛顺利分娩。

分娩一般可分为三个阶段。第一阶段是开口期。子宫颈口开大，子宫肌出现节律性收缩，使子宫颈完全开放，与阴道的界限消失。由于子宫的收缩呈间歇性，故称阵缩，压迫羊水及部分胎膜，胎牛的前置部分进入子宫颈，使之充分张开。此时，母牛表现稍有不安，时起时卧，进食和反刍不规则，尾巴抬起常做排粪姿势，哞叫。这一阶段一般6小时左右，经产母牛一般短于初产母牛。第二阶段是胎牛排出期。以完成子宫颈的扩大和胎牛进入子宫颈及阴道为特征。此期间子宫收缩节律更为频繁，持久有力，同时伴有腹肌和膈肌的收缩，多由于子宫阵发性收缩，胎膜破裂，羊水流出，湿润产道，母牛稍作休息后继续努责和阵缩，将整个胎牛排出体外。这一阶段一般持续0.5～2小时。如羊膜破裂后30分胎牛不能自动产出，必须进行人工助产。第三阶段是胎衣排出期。胎牛产出后，子宫收缩变短，力量变弱，间歇期较长，并且牛的胎盘母子之间粘连较紧密。收缩时不易脱落，因此一般胎衣排出时间较长，2～8小时。如果超过12小时胎衣还不下，必

须采取人工剥离或用药物灌注，两者结合使用效果更好。分娩后，母牛在妊娠时遭受改变的器官恢复原位，子宫收缩至正常状态，子宫黏膜复原，子宫颈关闭。

关于分娩的机制，一般认为，当胎儿在子宫内增大时，它使子宫肌伸展，并刺激子宫的感觉神经，这种刺激引起脑垂体后叶增加催产素的分泌，而后催产素和已增高一定水平的雌激素协同作用于子宫肌，以增加其兴奋性。这时孕酮的水平已下降，这就解除了肌肉收缩的抑制作用。由于子宫颈和阴道的扩张，加之分娩期间子宫肌收缩，于是就排出了胎牛。

第五节　提高牛繁殖率的技术措施

一、高效繁殖的人工管理技术

提高母牛繁殖力包括提高母牛的“三率”和不孕母牛恢复繁殖。“三率”就是受配率、受胎率和犊牛成活率。“三率”是决定繁殖率的基础，“三率”的高低是发展养牛业的关键，而减少牛群中的繁殖障碍病可以最大限度地提高牛的繁殖力。从饲养上要注意供给牛均衡的营养，保持适宜的体况；从管理上要注意尽可能提高母牛受配率，防治母牛不孕和流产，防止难产；从技术上要提高受胎率，具体措施有如下几条。

1. 加强选种

重点选育繁殖力高的公、母牛进行繁殖。严格区分降低繁殖力的遗传和环境因素是不容易的，尤其在母牛方面，大部分不育症往往是重复出现的。通常对患卵巢囊肿的母牛，若其祖代有类似情况的应予淘汰。经过认真选种，虽然不能解决繁殖力的全部问题，但仍可起到重要作用。同时对提高牛群的质量有较好的效果。

种公牛对于牛群质量的影响较大，加强种公牛的选育比母牛的选育意义更大。通常采用的选育方法是综合选择指数法。有关种公牛繁殖力的综合选择指标，包括射精量、精子活力、精子稀释倍数、女儿牛的繁殖性状及遗传稳定性等。女儿牛的遗传稳定性对经济效益影响最大，因而在综合评分系数中所占比例较高。种公牛繁殖性状遗传力较低，但是种公牛的繁殖力与女儿牛初情期和受孕的配种次数呈负相关，即繁殖力高的奶牛其女儿牛初情期出现较早，每次受胎配种次数较少。因此，选择繁殖力高的种公牛，可相应地减少青年牛及干奶期奶牛的饲养费用，提高经济效益。

2. 保证母牛正常发情的生理机能

加强母牛的饲养管理，改善母牛的营养状况和生活环境，维持七成以上的膘度，是保证母牛正常发情的基本条件。此外，为母牛提供充分的户外运动与光照，也能促进母牛的正常发情。实践证明，将结扎了输精管的种公牛放入母牛群中或使不发情的母牛与种公牛同槽、同圈饲养，或使之经常与种公牛接触，对母牛发情有明显的促进作用。

对于某些生理机能失调或激素分泌紊乱而不能正常发情的母牛，应积极采用相应的促性腺激素或促性腺释放激素进行处理，一般可取得良好效果。

3. 提高母牛受配率

提高母牛受配率是提高繁殖力的重要措施，主要有：

（1）调整牛群结构　增加繁殖母牛比例，要使繁殖母牛在牛群中的比例达到50%～70%。从牛初次繁殖起，随胎次和年龄的增长而繁殖力逐年升高，至壮龄时生育力最强，以后逐渐下降。牛的受胎率从初配至6岁为70%，8岁为75%，以后逐渐下降。因此，繁殖群中应注意经常保持有65%～70%进入旺盛生育期的母牛。

（2）合理布局　建站设点要根据繁殖母牛的分布及数量，根据地理位置进行全面规划，合理布局。省级建人工授精中心站（或称家畜繁育总站、家畜改良总站），市、县级建冻精站，乡、村级设输精点。然后宣传发动，落实任务，采用适合于当地的配种组织形式和方法，使尽可能多的母牛参加配种。

（3）增膘复壮　发情繁殖的公、母牛均要健壮，营养状况呈中上等。为此，必须按饲养标准饲喂，达到均衡营养，供给品质良好的饲草、全价混合精饲料、适量的食盐和充足的饮水。草料不足、饲草单一、日粮不全价，尤其缺乏蛋白质和维生素，是饲养中造成母牛不发情的主要原因。为此，对营养中下等和瘦弱的牛要在配种前1个月增加精饲料。参加劳役的役用母牛需延长采食时间，对膘情不好的母牛要适当减轻劳役量，有放牧条件的要尽早放牧。

（4）加强发情观察，建立情报制度　饲养人员必须熟悉母牛的发情规律和个体特点，注意观察母牛的发情表现，一旦发现发情行为，及时牵到人工授精站进行发情鉴定。奶牛场饲养牛数量多，可根据上次发情日期，进行发情预报。高

产奶牛多表现安静发情，故需加强观察，防止漏配。

（5）加快子宫复旧　促使配种母牛分娩后的子宫复旧和产后再次发情的时间，是判定母牛生殖机能的重要标志。加强母牛产后管理，加快子宫的复旧，使母牛产后能较早地输精，可缩短产犊间隔时间。在北方，有不少地区不把哺乳役牛计算在配种数内，即使发情也多数不给配种，这就影响了整个牛群的受配率，往往两年产一犊。其实哺乳役牛是可以发情的，母牛大多数在产后60～100天内出现发情，如能及时配种，就可以提高整个牛群的受配率。

（6）采取集中试情和配种的方法　山区多为放牧饲养，分散而地处偏僻，除了自然交配外，很难采用人工授精和冷冻精液配种。如果经过宣传发动，在配种旺季每天定时以村为单位对空怀母牛集中试情，如发现母牛发情，则可立即人工配种。

（7）及时检查和治疗不发情母牛　在繁殖牛群中有10%～15%因生殖器官疾病而不发情的，应及时诊断和治疗。对确已失去繁殖能力的母牛应从适繁殖母牛中淘汰。

4. 提高母牛受胎率

提高母牛受胎率是提高繁殖力的重要措施。其主要有：

（1）改善饲养管理，维持母牛适度膘情　一个牛群或一头母牛的营养条件越差，体重下降就越多，繁殖力也越低。营养不良对青年母牛的主要影响是延迟达到一定体重的时间，推迟初情期到来的年龄，大大降低了初配母牛的受胎率。营养不足对母牛再次妊娠有很大影响，表现产后体重下降较多，结果影响配种的受胎率。有时即使妊娠也常会发生流产、死胎或产子数减少现象，致使繁殖率降低。母牛妊娠期营养不足的最大影响常是母牛产后体重减轻、繁殖率降低和犊牛初生重减轻。

（2）采用优良品质的精液　冷冻精液品质符合国家标准，无论采用哪种配种方式，优良品质的精液是保证得到理想受胎率的重要条件。为确保种公牛的精液品质，最好是使用经过后裔测定的种公牛精液。在使用新鲜（液态）精液时，采用新鲜或保存时间短的精液，可有效地提高受胎率。采用冷冻精液为母牛输精时，更应注意输精前的精子活力，并且尽量缩短从解冻到输精前的时间。

（3）适时输精　必须从三方面着手：一是准确掌握发情鉴定，二是掌握适宜的输精时间，三是熟练掌握输精技术。如采用冷冻精液人工授精新技术，可大大提高优良种公牛的利用率和繁殖力。但是在学习与推广新技术的过程中，由于操作不当和失误，也可能造成人为的不孕。例如，发情鉴定技术不高，会使发情母牛晚配或失配；采精和精液处理方法不当，解冻方法不符合要求等，都会造成精液品质下降而影响受胎率。

（4）严格遵守操作规程，注意卫生条件　在牛的人工授精技术中，严格地遵守操作规程，尽可能注意卫生条件，是一项十分重要而又常常被忽视的问题。值得注意的是，在开展冷冻精液人工授精比较普遍的地方，如果输精方法不当、器械消毒不严或授精时机不适宜，会降低受胎率，甚至使牛的生殖道感染，致使生殖道疾患越发蔓延。据报道，母牛的生殖道疾病有30多种，占不孕母牛的30%～40%，其中发生最多的是子宫疾病，约占生殖道疾病的1/3，所以必须强调要授精的无菌操作。

（5）实行早期妊娠检查　抓紧复配早期妊娠诊断主要有人工观察法、直肠检查法、超声波仪器检查法、测定血液或乳汁中孕酮含量或采用试剂盒检测等方法，不同方法判断准确性各不同，但多数方法都在85%～90%。

5. 广泛开展母牛繁殖障碍疾病的防治

长期以来，由于对兽医卫生工作的重视不够，母牛的产科疾病逐年增多。尤其在条件差的饲养小区，由于饲养管理条件较差，配种、助产消毒不严，产后疾病得不到及时治疗，相当一部分母牛发生和感染生殖器官疾病，致使母牛的受配率和受胎率受到很大影响，致使母牛群繁殖率不高。由于繁殖障碍病很少导致患牛死亡，所以一直不易引起饲养者和兽医人员的应有重视。对上万头不孕母牛的调查证明，如果不能及时地进行母牛繁殖障碍病的防治，当受胎率达到80%左右时，再想提高母牛的受胎率就比较困难。但是在母牛不孕症防治工作开展得较好的配种站，母牛的受胎率则可提高到90%以上。

母牛因繁殖障碍病造成的不孕症给繁殖带来的损失很大，常占空怀母牛的40%以上。牛繁殖障碍病中的流产是影响牛群增殖的另一个因素，一般占4%～5%。防止母牛不孕和流产不仅与生殖细胞和生殖器官的正常生理有关，而且与影响早期胚胎附植的因素和生殖器官疾病有关。牛的胚胎死亡一般多发生在妊娠早期，有时甚至不影响下次发情的时间。目前对与此有关的生理机能，还缺乏充分了解，尚无特效的预防措施，一般认为适当的营养水平和良好的饲养管理，以及控制过高的温度，能减少胚胎死亡。也有人提出在母牛配种后7～11

天，肌内注射黄体酮30毫克，对防止胚胎死亡有一定疗效。

因此，各地家畜配种站和兽医站必须采取有效措施，互相配合，克服困难，积极开展母牛繁殖障碍病的调查和防治工作，以保障母牛受胎率和繁殖力的持续上升。

6. 提高犊牛成活率

（1）认真护理新生犊牛　犊牛产出后应立即擦净鼻腔、口腔中的黏液，脐带断端用碘酊浸泡消毒，防止呼吸发生障碍，初次站立和行动时防止摔倒碰伤，注意牛犊应在生后24小时内排出胎粪。初生犊牛在产后2小时内吃上初乳，以增强犊牛对疾病的抵抗力。

（2）注意保暖　防止贼风和受凉，避免犊牛卧在冷湿地面，采食不洁食物，防止拉稀等疾病的发生。

（3）及早地吃到初乳　新生犊牛最好在生后2小时内吃到初乳。

（4）进行早期诱饲　促进牛胃发育，制定合理的犊牛培育方案，保证犊牛生长发育良好。一般生后6～7天，选择柔软的、品质好的干草喂给犊牛。犊牛生后15天均可开始补饲精料。

第六节　高效繁殖的生物工程技术

一、发情控制

发情控制是有效地干预牛的繁殖过程、提高繁殖率的一种手段，它包括人为改变牛的发情时间而使牛群同期发情、增加母牛排卵数等。

1. 同期发情

同期发情又称同步发情或控情技术，是对一群母牛施用某些激素或其他药物来改变它们自然发情周期的进程，调整到相同的阶段，使分散发情变为集中发情，并在3～5天内同时进行配种。它在养牛业有非常重要的意义：

（1）同期发情能有计划地集中安排牛群的配种和产犊，便于人工授精的开展，有效地推动冷冻精液的普及应用，可以节约时间和劳力，降低费用，提高工作效率。

（2）使原来不发情的母牛发情配种和缩短产犊间隔，从而提高繁殖率。

（3）可以使牛群的妊娠和分娩时间集中，产下后代年龄也比较整齐，犊牛的培育、断奶怀孕阶段也可以做到同期化，便于组织大规模养牛业生产与科学化饲养管理。

（4）可以使供给胚胎的母牛和接受胚胎的母牛生殖器官处于相同的生理状态，为胚胎移植创造条件。

同期发情通常采用两种途径。一种途径是延长黄体期，给同一群母牛同时施用孕激素药物，抑制卵泡的生长发育和发情表现，使之处于人为的黄体期。经过一定时期后停药，使卵巢机能恢复正常，出现卵泡发育，引起母牛发情。此种方式实际上是人为地延长黄体期，超前延长发情周期，推迟发情期的到来，为以后同时发情创造一个良好的条件。另一种途径是缩短黄体期，应用前列腺素药物，加速黄体退化，使卵巢提前摆脱体内孕激素的控制，促使卵泡发育，从而达到母牛同期发情。两种途径使用的激素虽然性质各异、作用相反，但其目的是一致的，都是对黄体功能起调节作用，结果使黄体期延长或缩短，使母牛体内孕激素水平（内源或外源的）迅速下降，最好达到发情同期化。

2. *超数排卵*

超数排卵指应用外源性促性腺激素处理母牛，促使母牛卵巢的多个卵泡同时发育，并且能够同时或准时排出多个具有受精能力的卵子的方法，简称“超排”。

（1）超排的目的　超数排卵可诱使单胎母牛生产双胎或三胎。一般认为超排数量最好在10个左右，太少会降低胚胎移植的实际意义，同时胚胎的收集也有困难，超排过多会降低卵子的受精率和收集率。超数排卵技术的应用，可以充分发挥优良母牛的作用，是加速牛群改良的一个重要手段。同时是胚胎移植的又一个重要环节。

（2）处理时期　应选择在发情周期的后期，即黄体消退时期。此时卵巢正处于由黄体期向卵泡开始发育过度的时期，利用外源促性腺激素，增进卵巢的生理活性，激发多量卵泡在一个发情期中成熟排卵。

（3）处理方法　主要有两种：一种是在预计自然发情的前4天，即发情周期的16天或17天，肌内或皮下注射PMSG1 500～3 000单位，48小时后一次肌内注射PGF_{2a}25～30毫克（注入子宫25毫克），为促进排卵，可在发情时肌内注射HCG1 000～1 500单位，该方式必须和发情周期的进程配合好，由于在时间安排上受到限制，应用不方便。另一种方法是在发情周期的中期，在注射促性腺激素的同

时，施用PGF_{2a}或其类似物以溶解黄体，即在发情周期的10～13天（8～15天）内，一次肌内注射PMSG1 500～3 000单位，隔日再注射PGF_{2a}25～30毫克，此法已被广泛应用。

目前，世界各国对母牛做超数排卵的处理方法是在供体母牛发情周期的中期肌内注射孕激素，隔日或两天后肌内注射PGF_{2a}或其类似物以消除黄体的2～3天后发情。

二、胚胎移植

与胚胎移植相关的技术有胚胎分割、胚胎嵌合、胚胎性别控制、体外授精等。

随着胚胎移植技术的不断成熟，商业化胚胎生产应用也日渐广泛，为加速品种改良，扩大优秀种畜群数量，控制疾病，代替活牛进口和进行品种保存提供了条件。这里对胚胎移植技术的基本过程如下介绍：

1. 供体和受体母牛的选择

供体应当是有重要育种价值，生殖机能正常，对超数排卵有良好反应的母牛。对奶牛业来说，应选择泌乳性能好、乳汁质量高、遗传性稳定的母牛作供体。以3～6岁的牛为宜，健康且无传染病。受体则应当有较好的繁殖性能，体型不宜太小，泌乳性能较好。

2. 供体超数排卵和输精选择

发情后9～13天的任一天，注射适宜剂量的促性腺激素，如促卵泡素（FSH）、孕马血清（PMSG）、绒毛膜促性腺激素（HCG）等，并结合注射前列腺素，能引起母牛超数排卵，在2～3天后母牛发情。为使其排出的众多卵子有较多的受精机会，一般要用优秀种公牛的精液人工输精2～3次，每隔8～12小时进行1次。

3. 采集胚胎

目前最常用的是非手术采集胚胎，在超数排卵处理后出现发情的6～7天进行胚胎采集。胚胎发育的第四天为16细胞期，第五天进入桑葚期，第七天为囊胚期胚胎。故收集到的胚胎常处于桑葚期或者胚泡初期。其质量好坏对移植的成功率有重要影响。所以采集到胚胎后，应将胚胎进行分级，以便对能够发育的胚胎进行移植。非手术采卵有三路式和二路式两种。三路式比较先进。三路式方法是先将冲卵导管送入子宫角内，使外管前端气囊充气，堵住一侧子宫角后端。用注射器将冲胚液沿另一路管注入子宫角内，然后用注射器再将冲胚液回收，装入集胚瓶中，如此反复注入回收3次，然后再做另一侧。所用胚胎冲洗液有：杜氏磷酸缓冲液（PBS）、布林斯特液等。这些冲洗液不但可以用于冲洗和收集胚胎，还可以用于胚胎的体外培养、冷冻保存和解冻。

4. 胚胎检查

收集到的冲洗液移至37℃温箱内的培养皿内，静置10分。胚胎沉入培养皿底部，移去上层液体，在20倍左右的解剖显微镜下检查、收集到另一个培养皿中，然后再放大到50～100倍进行胚胎检查。正常发育的胚胎一般形态整齐，卵裂球清晰，外膜完整，分布均匀，发育阶段与胚龄一致。无卵裂现象或卵膜裂开的都不能用，无卵裂是未受精，卵膜受损则会引起卵的破裂而废弃。

5. 胚胎保存

鲜胚移植虽然比冻胚移植成功率要高，但因为鲜胚移植必须保证受体与供体同时发情（发情同期化）。另外，由于不能预见超排处理后可用胚的数量，因而受体准备的数量也不能确定。有时一次冲胚可用胚较少，有时可用胚却比预计的多几倍。而对胚胎冷冻保存后，则可根据胚胎数量确定受体数量，而且不需要对受体做特殊处理，只需在受体牛发情周期的适当时机进行移植即可。在实际生产中，国内也有采用部分鲜胚移植的，将超出受体数量的胚胎进行冷冻保存。

牛胚胎冷冻时须在培养液中添加防冻保护剂甘油或二甲基亚砜（DMSO），现在商业化生产多用乙二醇，冷冻前依次经过含有低浓度到高浓度防冻剂的培养，缓慢地由室温降至-7～-5℃，进行诱发结冰。再按每分钟0.1～1℃的速度降至-40～-30℃，投入液氮中保存。

解冻时可在20～25℃的室温条件下，将胚胎直接放入35～37℃水浴中解冻。并依次脱去防冻剂，经4～6次换液，最后一次在无防冻液的磷酸缓冲液中停留10分或冲洗后用于移植。

6. 移植操作

牛胚胎移植多采用非手术法，类似于直肠把握输精。目前鲜胚移植成功率达60%～70%，冻胚达45%～50%。前提是必须掌握胚胎质量鉴别方法。

三、胚胎分割

胚胎分割就是将一枚胚胎用显微手术分割为二等份，甚至分割为四等份或八等份，经体外培养和移植后，以获取同卵双生或多生后代的方法。该项技术可在

牛胚胎数一定的情况下通过分割获得较多的后代，有助于提高牛的繁殖力，增加牛的双胎受孕机会，同时这也是半胚冷冻、冻胚分割、胚胎性别鉴定和基因导入等研究的基本操作技术。

胚胎分割的方式有两种：一种是将晚期桑葚胚分割为二、三、四等份，将每一份（一团细胞）放进一个空的透明袋中，使其发育成一个整胚；另一种方法是将2细胞或4细胞阶段的胚胎分割后，分别放入空的透明袋内，然后发育成一个整体。

分割技术要点是对囊胚进行切割时，应将胚胎细胞和滋养层细胞对称切割，才能有较高的移植成功率。

四、胚胎嵌合

胚胎嵌合是将不同种源的胚胎或卵裂球整合成一个完整胚胎的生物技术。合成的新胚胎称作嵌合体。这是研究胚胎免疫学、遗传学、发育生物学的重要手段之一。嵌合的方法有早期胚胎卵裂球嵌合法、卵裂球聚合法两种。

五、克隆技术

此法是将优良母牛胚胎的卵裂球分离，分别注入到一般母牛的去核卵母细胞中，使优良且遗传基础相同的基因成倍增加的方法。这些技术如果能得到应用，将会对畜牧业生产产生巨大影响。

我国的克隆研究起步较早，从20世纪90年代起，就开展了大量的动物胚胎细胞克隆研究工作。1999年，我国第一头体细胞克隆羊诞生。此后，我国科学家又不断进行了多次克隆试验。目前，我国克隆胚胎工程技术体系的综合能力达到了世界先进水平。2002年1月18日，中国第一头本土克隆牛“委委”在山东曹县中大动物胚胎工程中心通过剖腹产诞生。

克隆牛对肉牛和奶牛业具有重大意义，许多优良品种会大批得到复制。利用克隆技术可以更有效地加快我国畜牧业品种的改良进程。而目前我国改良牲畜品种大多沿用的还是杂交育种手段，速度太慢。运用克隆技术培育优质奶牛，通过产业化来改造我国的奶牛业，市场前景十分广阔。

六、体外受精

这是将优秀母牛的卵子与优秀种公牛的精子在体外进行受精的方法。该项技术是当前生物工程的热点之一。首先，有利于极大地提高公、母牛的繁殖潜力，因为在自然条件状况下，母牛每一发情期仅排卵一枚，一生也不过利用十多个卵子，而一头母牛卵巢内有数十万个卵母细胞存在，经处理激活后，在体外受精就能十分显著地扩大胚胎来源。就种公牛而言，一次射精所含的精子数量可以使3.6万个卵子受精，而制成细管冷冻精液却只能生产500～600头份（支）。其次，体外受精是克服由于输卵管不通造成牛不孕的有效手段，同时，胚胎的核移植、基因注入及胚胎性别鉴定等技术都可由体外受精卵取得材料，对牛的胚胎生产、改良育种和提高生产力具有重要意义。体外受精技术的主要操作程序包括精子的采集、精子的获能、卵子的采取和卵子的成熟、受精、受精卵培养和移植等。受精的成功与否，主要在于精子的获能和卵子的成熟这两个环节。

七、性别控制

家畜性别控制是通过人为地干预或操作，使母牛按人们的愿望繁殖所需性别犊牛的技术，它在养牛业生产中有很重要的意义。对奶用牛而言，只有母牛才能产乳；对肉用牛，肉用公牛的产肉量、生长强度以及饲料报酬等优于肉用母牛。通过人为地控制性别，就能成倍乃至几十倍地提高奶牛业和肉牛业的经济效益。

牛性别调控的研究，主要采用两大技术：一是精子的分离，其方法包括沉淀法、密度梯度离心法、电泳法、免疫法以及其他方法，现在效果比较好的是用流式细胞分离仪分离精子，但在精子分离过程中，精子损伤率大，受孕率只在5%，而且成本高。另一种方法是胚胎的性别鉴定：①细胞学方法。通过胚胎性染色体进行鉴别，如果是XX型为雌性，如果是XY型为雄性。②免疫学方法。对胚胎细胞表面具有雄性特异性的组织相容性膜抗原，称H-Y抗原，与用小鼠通过免疫制作的H-Y抗体起反应的方法，进行性别鉴定。有细胞毒性试验法和间接免疫荧光法两种。因准确率只有80%，还不能用于生产。③20世纪80年代新发展起来的分子生物学方法，有核酸探针技术和聚合酶链反应（PCR）技术两种。前者将胚胎Y染色体上的特异DNA片段标记成探针，做鉴别工具。

八、诱发分娩

诱发分娩也称引产，是指在母牛妊娠末期或分娩前3～5天内，利用激素诱发母牛在预定日期或时间内分娩，产出正常犊牛的一项繁殖管理措施。诱发分娩的优点在于：①可使牛群的分娩时间趋于一致，有利于牛群的管理工作。②可以合

理组织人力，有计划地利用产房和其他设施。③有准备地进行助产和护理工作，减少母牛和犊牛损伤事故。④可得到体格大小和年龄比较一致的犊牛，便于产业化商品牛生产。

诱发分娩不仅对于肉牛业有较大的实用价值，而且对放牧的奶牛群来说更具有重大意义，它有利于放牧季节的同期化，使牛群泌乳期的开始时间与草场生长旺盛季开始时间一致，以保证牛奶生产维持较高水平。同时，还可预防难产的发生，合理安排棚舍，调节产犊季节等。如新西兰对放牧奶牛进行诱发分娩，每年处理达100万头以上，成为当地极为重要的一项技术措施。诱发分娩常用的药物是前列腺素F型和E型（PCF，PGE），也有糖皮质类激素（长效和短效）的。目前，此项技术还存在胎衣不下等问题，尚需作进一步的充分研究。

第二章　牛病诊断的依据、原则、方法和要求

第一节　诊断的重要性

兽医学的目的，在于解除动物的痛苦，延长其生命，恢复其健康活力。临床基础各科，通过各种实验室工作，了解疾病的成因和机制，研究其治疗和预防方法，都是为了这一目标。综合基础学科的知识，适当地应用于牛体，则是临床兽医的任务。但是，同一疾病在不同的牛体和不同的情况下产生不同的表现，不同的疾病在某些方面可有完全相同的征象，若仅凭其一种表现或仅凭畜主的陈述，不从全面考虑，不分析其原因，认为症状就是疾病，若有热退热，咳嗽止咳，腹泻止泻，不尿则利尿，非但不能解决根本问题，还很容易造成误诊、误治的“治标不治本”的“医匠”行为。

临床兽医还有这样一个任务：当面对病牛给予治疗之前，必先了解患牛得的是什么病，亦即先求得其诊断。诊断是医疗工作的必经之途，因此也是临床医疗工作的中心环节之一。就病情预后来说，可以根据诊断知道某一疾病的大致发展，即使中途有变化或发生并发症，亦不至于临时慌乱；就治疗和预防来说，知道了诊断可以针对病因，寻求合理有效的治疗，对其周围接触的牛群或羊、猪等其他动物也可确定预防处理的方法，进而有目的地从根本上彻底解决问题而不再枝枝节节地处于被动地位。否则，诊断未明确便药石乱投，必然多走弯路、多浪费；若侥幸解决了问题，也不会积累经验。因此，强调“临床兽医，首重诊断”，其意义在此。固然在具体工作中遇有需要或病情紧急时，可以先对某些症状给予一定的处理，但这种处理只是初步的、暂时的，仍应设法寻找病因，进行彻底的处理，绝不是简单地处理症状就算完成任务。根据经验，采用“三边政策”，即边诊断、边治疗、边预防，这是一种行之有效的方法。此外，诊断的确

立，对于医案的整理和总结更具有远期效果。譬如，你总结自己的诊疗经验，并撰写出高质量的、有说服力的经验报告和论文材料，它的发表，既具有科学性、实用性，也使别人信服，有利于其他兽医工作者和饲养人员在今后的临床诊疗实践中参考与效仿。

第二节　诊断的依据

所谓兽医临床诊断，就是对患牛疾病的本质判断。诊断的过程就是诊查、认识、判断疾病的过程。

兽医诊断的基本方法：西兽医包括六诊，即问诊、视诊、触诊、叩诊、听诊及嗅诊；中兽医包括四诊，即望、闻、问、切。因这种方法简单、方便、易行，在任何场所均可运用，并且在某些情况下能直接地、较为准确地判断病理变化并做出初步诊断。

初步诊断又称臆断，它与确定诊断不同，要真正确定一种疾病，通常应做到全面收集资料，包括病因学、流行病学、症状学、病理剖检学、治疗学，并进行认真的与其他症状相似的疾病之间的鉴别诊断。当一时不能肯定是何种疾病时，还可借助实验室检验、X射线、机能试验以及心电图描记、超声波探查、B超检查、内窥镜的使用、放射性同位素和微型电子计算机，以及CT和核磁共振、脑电图描记、纳米新诊疗仪器等新技术在牛病临床诊断中的初步应用，现代兽医的诊断技术有了很大发展和提高。特别是当今，有极少一部分疾病，特别是某些未知的新发疾病，还必须通过一段时间的观察和诊疗，甚至患牛死亡后剖检才能真相大白。因此，要想做出一种完全正确的诊断，并不是一件容易的事情，必须依靠多种有诊断价值的资料。

综上所述：通常诊断出某种疾病，其诊断依据概括为以下三个方面，首先是任何疾病都有它一定的病理变化，根据病变的性质，产生不同的病理生理的紊乱、机能的改变和牛体中某种成分与结构在质量上的变化；其次是产生症状和体征；再次是化验数据情况的改变。如果以上三个方面完全符合某一疾病的常见表现，这就是典型的病例，诊断也就确立。不过，近些年所发生的某些疾病，由于环境、气象、新合成的化学药物、塑料工业的广泛使用等诸多因素的变化，特别是病原微生物也不断发生变异，一些新病毒的出现，导致疾病呈现非典型性，故应引起高度重视，并依据某种疾病的主要特征，细心分辨和富有责任心地将确立诊断的依据力争科学化，并符合客观实际。

一、病史

以上三点在诊断上的比较价值，至少有一半以上的疾病是完全依靠病史来决定诊断或引导诊断的。我们可以从这些发展过程和特征中求得印证。以大叶性肺炎为例，它是一种感染，它有发热反应，但其热型为稽留热，即体温突然升高到41℃以上，每日平均温差幅度为0.5～1℃，数日后又突然降温至常态温度，仅从这一特点便知其与小叶性肺炎的弛张热型不同。由于肺炎的病理变化主要在肺部，并有呼吸系统症状，因此可以从病程中观察有否咳嗽、发喘等症状，有否受凉等诱发病史而把检查重点放在肺部，并从体检中求得证实。同时，还可以从促使病牛就医的畜主所叙述的主要症状追问到其发病诱因及有关症状演变的经过（现在症），从而推断其可能诊断，提出在进行其他检查时应注意的问题，以求得到证实，这是病史部分的主要任务之一。

病史对疾病的诊断特别重要，某些疾病是完全依靠病史而做出临床诊断的，如某奶牛养殖户，喂了三头奶牛，为了给牛补充青绿饲料，到某苹果园收集残落于地上的不成熟落果和树叶，当喂牛后不久，其中一头牛出现口吐大量液体，不吃，拉稀，全身颤抖，并很快死亡，另外两头牛也有不同程度的相似症状，经兽医初诊，认为是有机磷农药中毒，后经调查了解，该苹果园在事发前正好喷过农药——氧化乐果，故确诊为有机磷中毒。另有一位养奶牛的畜主，因为全群9头牛均发生不同程度的干咳，也吃也喝，经当地兽医治疗数日无效后邀我们会诊，经现场调查发现，主要是饲喂了“猫尾巴草”（俗称）刺激咽喉所引起的，立即停喂、换草，暂停施药，数日后症状消失，痊愈。

病史并不限于现在症，如既往史、饲养管理不善等情况都有它的重要性。譬如，肌肉风湿性疾病有跛行症状，去年同期也曾有类似情况，可说明是旧病复发。又如某牛群突然咳嗽，也吃也喝，经询问畜主，说因舍内过冷，用树枝生火取暖，才知咳嗽的病因是烟熏所致。

二、体格检查

体格检查的价值，主要为了证实从病史中推断出的结果。例如，病史中疑有肺炎的患牛，当然希望从体检中发现肺实质病变的体征。其次，可以鉴别病史中所得的印象，如各种原因的心脏病在心力衰竭阶段，固然可以从病史中的心跳、气急知道患牛有心脏病，但病变是在心包、心肌或心内膜，瓣膜损害又以哪种为主，不能靠病史来确定，这就需要依靠检查心脏大小、形状，听心杂音的部位和其在心动周期中的时间以及循环时间的测定来确诊。如果配合血液检查，利用心电图、X射线、B超等先进仪器来诊断，则确诊的依据性就更大了。体格检查也可以补充病史中所遗漏的问题。例如，X射线透视心脏，发现心包或心肌部位有密度很高的金属异物，那么确诊为创伤性心包炎是毫无疑问的，虽然至今仍无对本病的有效治愈报道，但可提出积极的预防措施。

病史中我们常常忽略手术这一问题。当饲养员主诉：患病公牛不吃、口紧、运步不灵活时，我们常认为是消化系统疾病或风湿病。但在体格检查中发现阴囊皮肤上有切口疤痕或有创口不愈合的现象，问其是否做过睾丸去势手术？回答是数日或半月前曾有此事，因而修正了我们的看法，确诊患牛为破伤风病。

三、实验室检查

大部分疾病固然可以依靠以上两项检查得到诊断，如果再依靠血、粪、尿的常规检查和必要的实验室诊断，包括细菌培养、病理切片观察、生化试验和寄生虫卵等特种检查，能使诊断置于更确定的科学基础上，这是实验室检查对诊断学上的主要价值。特别是传染病、寄生虫侵袭性疾病的诊断，如果缺少实验室方面的支持，就很难发现特定的病原体或虫卵；缺少实验室检查将使血液病、代谢病，特别是贫血的准确分类变为不可能；缺少生物化学的定性与定量检查，将使内分泌疾病、代谢病的诊疗变得困难。活组织的病理切片检查常协助病因诊断；尸体剖检，又可充实或纠正临床诊断；快速血清学反应检测对某些疾病，特别是对病毒性疾病的诊断更具有现实意义。

通过上述检验，协助了诊断的建立。了解患牛体液、组织和分泌、排泄物的质和量的改变以及脏器的机能异常，也可使临床兽医工作者对病性的预后和治疗有更好的参考。

少数疾病，主要是寄生虫感染以及传染病在潜伏期或其他隐匿性的疾病，在患牛的症状与体征不明显时，实验室检查能有所发现，因而也可以及早地诊断和及时地提前防治。

除此之外，X射线检查、代谢测定、B超等多种检查仪器的检查结果均可帮助诊断。但是，使用这些设备需要有合理的临床指征。我们不能依赖这些设备作为常规检查，所得材料如何解释利用，应和实验室材料一样，根据临床具体病情来判断。必须认识到这些材料只能协助诊断而不能确定诊断。因为这些检查报告中有时会出现误差或完全错误。譬如，检验是人工操作的，检验者的理论和实践经验及其判断能力以及是否具有责任心等因素都会影响报告的真实性，特别是从诊断学的定义来分析，诊断的依据必须是多方面的分析和综合判断，绝不是单凭某一种诊断方法就认为是某种疾病。因此，我们要掌握这些工具并加以利用，不要成为这些工具的俘虏，我们要求做到有好的设备才能把诊断工作做得更好、更精确，没有这些设备时工作亦不差。要做到如此，需要对疾病有广泛的认识，善于从病史中去发掘线索和善于用简单的诊断方法来确诊。特别是在农村，诊断设备条件较差，我们可以取样送到诊断设备较好的大专院校或科研单位，也可请专家们现场指导、会诊，力争使诊断从科学角度确立，对我们自身业务水平的不断提高，也是十分有益的一种学习方法和信息传递的过程。

第三节　诊断的原则

有些病的症状和体征都明确地局限于某一点，如患牛日渐消瘦，憨吃不长膘，有时腹痛、贫血，体温正常，有排虫史，很像寄生虫病，如果粪便检验中有虫卵被检出，用驱虫药后大量排出虫体，症状显著好转，其诊断的确定比较简单。某些疾病主要表现在症状方面而缺少体征表现，另一些疾病症状表现在甲处而实际病变在乙处，如何从这些明确的或不明确的和多样的情况中建立起合理的诊断，必须重视以下原则：

一、从一个诊断着想

疾病常常在各方面有多种表现，我们要分析其是主要和次要、是原发或伴发，将线索连贯起来，尽可能用一个诊断来解释其全部表现。非不得已，决不用两种或两种以上的情形来解释，这是考虑诊断的基本原则。例如，某病牛患病已数日，体温正常，日渐消瘦、贫血、黄疸、心率加快、食欲减少、颌下或胸前水肿，实验室检查：血液中红细胞数减少、白细胞总数正常，但嗜酸性白细胞数明

显增多，粪便检查偶见虫卵。其合理的初步诊断可能是：

（1）心包炎。

（2）肝片吸虫病。

（3）营养衰竭症。

（4）胃肠道寄生虫病。

如此刻全部表现可以结合进去，不做进一步呼吸、循环、消化、泌尿、血液诸项目的检查和询问病史，可能割裂成为无数个毫不相关的诊断，也就无法确诊和获得适当的治疗。因此，我们必须进一步收集材料。如该患牛一直为舍饲，从未放牧，并没有接触过水草饲料，粪中未查出肝片吸虫卵，而是胃肠道线虫卵，则不必再考虑有肝片吸虫病的可能，即使患牛有颌下、胸前水肿。那么如何解释这种症状呢？可以从患牛长期少食、营养不良中求得理论依据。如果患牛经心脏检查，发现心跳快、弱，心音较远，或有拍水音，颈静脉高度怒张，也有颌下、胸前水肿症状时，可以解释为心脏有病导致血液循环障碍、静脉压升高所致。故诊断为心包炎应无异议。至于是否是营养衰竭症，我们可以认为它是多因素导致的一种症状，虽与上述肝片吸虫病或心包炎有某些共同的表现，但无特异性的体征，可以排除。至于是否是胃肠道寄生虫病，从粪中镜检有胃肠道寄生虫卵，可以确诊为本病，但与心包炎相比，又不是最主要的确诊病症，只能证明，该患牛是心包炎，并伴有胃肠道寄生虫病，或称混合感染。防治时，以治疗心包炎为主，适时驱虫，有利于快速诊疗。

二、先考虑常见的疾病和主要的原因

许多疾病可以有共同的表现，这些症状对现在这头病牛说来，有何意义？这头病牛所患何病？首先要考虑信息的准确性，有无夸大、缩小，接着便须考虑造成这种症状的常见和主要原因。比如，病牛以吐血为主，我们应先区别是咯血还是呕血？即从病史中了解是否为呕血之后，还需了解这咯血是由口腔、鼻腔或由咽部出血，还是喉部、气管或肺部出血？知其来源是下呼吸道出血之后，则进一步从常见的肺部出血原因如肺结核、大叶性肺炎、充血性心力衰竭、支气管扩张去找出病因。假定患牛无心脏病，则由于结核病远较大叶性肺炎、充血性心力衰竭、支气管扩张常见，我们应考虑结核病为其咯血的第一可能原因。

记住一些普通症状在各种情况下的主要发生原因，对于作出便捷诊断有很大帮助。为此，考虑把常见的疾病作为诊断首选，就会减少错误机会。罕见的疾病必要时虽然需要加以考虑，但应承认患此病的可能性不大。

三、考虑有其他诊断的可能

考虑把常见的疾病作为诊断，这一原则大致是不错的，而多数疾病的诊断一般是简单的，因此，在初步接触以后所得的第一印象也常是准确的。但是情况并非如此简单，许多错误形成的原因，并非是不知道，而是根本未曾想到有此可能，一旦发觉错误，则有“啊！原来如此！”之叹。因此，第一印象虽常是准确的印象，应加以观察证实，同时亦须考虑其他可能，加以推敲而一一摒除，即从多方面看问题，不遗漏，这就是鉴别诊断的基本方法。

四、考虑功能性疾病的可能

所谓功能性疾病，是指实质器官并无病理学变化，仅为神经传导障碍而导致功能性的症状表现。如采食草料过多而突然吐草或受寒、饥饿导致胃肠痉挛性收缩呈现腹痛表现，间或受到突然惊吓而导致拒食、肌颤等症状时，畜主的陈述常多于客观的发现。当我们为之费尽周折而不能有所发现或不能解除患牛病情之时，就武断地诊断为“功能性疾病”，一旦得此结论，便很少再对其关心，这是个观念问题。我们必须认清：当疾病的初期，往往是依据畜主的陈述多于客观发现，而功能性疾病又确实产生极似实质性组织与器官疾病相似的症状，很可能“以假乱真”，“真假难分”。从病牛的康复出发，我们有责任从多方面着想，特别是从实质性机能障碍性疾病方面着想，慎重地反复检查，然后加以排除或证实。轻易认为是简单的无积极治疗的“功能性疾病”而任其发展，致使错过可以治疗的时机而后悔莫及。

应该同时在此提及的是，我们也不能因为已发现“功能性疾病”便感到满足。遇有经过证实但久治不愈的胃肠溃疡病患牛，不应停滞在溃疡病这一诊断上而不考虑有胃肠穿孔或其他并发症的可能；大叶性肺炎患牛经过一定时间的有效治疗而不见退热，也应考虑到有无并发症的可能，应做进一步检查。有分寸地估计到有严重疾病存在的可能性，是有理由的，因为忽视这种可能性的存在，本身就是错误的。

第四节　诊断的方法和要求

前面已经屡次提及诊断的依据在于病史、体征和实验室检查三方面。但是在进行具体工作收集材料的时候，必须认识到：兽医学不是单纯的技术，而是科学与技术的应用，不单是顾及科学而必须与社会科学相结合；我们的诊疗对象虽然是病牛，但饲养人员则是病牛的“代言人”，我们需要随时用同情、亲切而负责的态度来和畜主建立正确的关系，注意在行动、语言和表情上不给予畜主不愉快的感觉，从而获得畜主的完全信任与合作，能做到如此，将会使我们检查病牛体征和获得真实而具体的病史资料易于进行。在这样的有利条件下，特提出以下要求：

一、深入发现问题

所谓深入，包括两方面：一方面要用上述亲切诚恳的态度，从各方面和畜主接近，了解病牛的饲养管理情况和行为改变的情况，这对整个诊疗工作将起很大的作用。另一方面是从对现在症状中的每一个主要症状，特别是对诊断有决定意义和对鉴别诊断有关的症状，要作深入的了解。在这里首先确定某一症状的性质是最重要的。比如，病牛吐血，决不能用填表方式记下“吐血”两个字，必先问其是咳出或呕出？如答复不明确，则改换方法问其有无咳嗽或作呕现象，吐出物是否为一口一口地鲜红色物，有泡沫或黏液否？抑或含有食物、血块以及是否伴有黑粪、腹痛等症状。

要明确了解病牛症状的性质，我们必须追问产生这些症状的可能原因或诱因，以及日常的行为与饲养管理的关系和症状性质、程度、部位以及解除的方法。而且要依据患牛的年龄、性别及症状性质、病程，包括母牛是否发情、配种、妊娠及其月份或分娩的前后经过作为不同问题详细询问。疾病诱因的探求，不仅有助于建立诊断，在治疗时因为病因的发现而易于设法根除，在传染病的管制和预防上亦因为接触其他牛群或另一类动物，或食入某种饲料等线索的发掘而易于着手。例如，腹痛的部位、严重性、辐射方向以及饮食、呼吸、大小便、运动姿势的探求，将有助于肠梗阻、瘤胃积食、急性瘤胃臌气、肠痉挛、肠扭转、胎动症或急性腹膜炎的区别。遇有体表肿块，则应问其增长速度、是否溃烂、有无活动性，以判定是良性或恶性病变；遇有体重增减，应问其若干时间内增减多少等，不在此一一列举。

此外，我们要善于抓住一个环节发掘新的问题。比如，患牛有咳嗽，除了问其咳嗽性质是干咳、湿咳或痛咳外，还要问有无咯血或伴有发喘、流鼻涕等呼吸系统病状。咳嗽本身或许不能有助于诊断，但如果患牛有两种以上主要症状同时存在，应探求其相互关系。根据情况，从其轻重程度和发生先后，以推断何为主，何为副或同样重要。当发热时伴有咳嗽、发喘，那么咳嗽、发喘可以解释为发热的伴随症状，除非有呼吸系统发炎，则咳嗽、发喘与发热属同样重要外，我们便不必再纠缠于咳嗽、发喘的重要性上，而问题也就随之简化。问题是应该扩大深入或是应缩小归纳，要看当时的情形而定，要在对问题有充分了解的基础上才能决定。

深入程度一般以确知某些症状的性质为止，如某畜主不是该患牛的饲养人员，对有些情况并不十分了解，应从其他方面去询问了解，求得补充和证实。这样，才有可能说明这些症状是否与某一疾病有关，并推断这些症状是否可以用某一疾病作为诊断。在探询病史时，应熟知疾病的特点，并根据其特点发问，而必须避免无目的的发问。

为了使病史富于准确性，发问应以启发性问题为主。例如，对该患牛的诊断，对兽医在疑有肺炎疾病时，应问其有无发热、咳嗽、发喘，在何种情况下发生？是干咳、湿咳、还是痛咳？发喘是在静止不动时或剧烈活动时发生？发热是一时性的还是持续性的？发热时，耳鼻末梢部位是发热还是发凉？而避免提出有无肺炎、是否不吃草料、是否排尿发黄、立多卧少等指向性问题，以免引起畜主的牵强附会。但当我们用这种问法也不能找出问题真相时，也可直接发问或用旁敲侧击的方法发问。

重要的或与现在症状有关的过去史，除非很确定，也应问清当时的实际情况。并作必要的记载。如根据现在症状疑似为风湿病，仅仅记下有过去曾有风湿病的历史是不够的，应询问其当时的症状表现，用什么方法治疗的，是否在秋季或气候骤变时发作，等等。这些对现症的诊断更有说服力。

病程中所受治疗的药物种类、品名、剂量和效果的问题，一般人都较少注意。殊不知在诊断未确定的情况之下，如果已知在一定时期内接受比较足量的特效治疗而无效，从此可以否定某些诊断；在诊断已经肯定但经过一段有效治疗而效果不佳时，须考虑到有新的情况发生，另想办法；即使以前的治疗有效果，也可能在继续治疗时作新的调整。这种材料的收集，对于诊断、预后及治疗方案都有很大的参考价值，因而也是不可忽略的。

二、态度应客观

收集病史、材料一般是在畜主和兽医双方合作的条件下完成的，畜主的诉说当然应该重视，但由于他不知患牛的病理，难免有轻重颠倒、主观夸大或有意无意地隐蔽之处。如某畜主为了考验青年兽医，看看他有无真才实学或临床经验，会故意隐瞒某些实情。如何准确掌握病症，避免误入歧途，是兽医的主要任务。当我们和畜主接触，经过数次问答建立起初步概念后，根据这一概念对有关该病的一切症状追问下去，这样，主动权就掌握在兽医之手了。但是我们常遇到这样的事情：当畜主主观上怀疑患牛患了胃肠炎，同时，兽医也常会感到患牛的症状和书上的记载完全相似时，在处理时需提高警惕，避免主观。倘若从错误的出发点上发问，把胃肠道寄生虫病患牛的症状当做胃肠炎看，专从胃肠炎症状上发问，便可能问出一个胃肠炎病的病状来。依此类推，把有关体征和实验发现亦结合到错误的原始印象上去，就犯了严重的主观主义的错误。若有病牛患了急性风湿病以急性发热为主征，而兽医认为是败血症，这原是可以的，但患牛有多发性关节炎，亦认为是患败血症，给予青霉素注射数日后无效，改用水杨酸钠之后诸症才迅速消退。造成这种错误的原因，固然由于原始印象的错误，亦由于忽视了多发性关节炎的因素，没有想到多发性关节炎的主要原因是风湿热，而仍然把它当做败血症来诊治。

因此，初步印象虽然是准确的印象，但不能停留在这一点上，当病牛的病情和我们的想法不符合时，要接受这一事实，考虑其他可能性，另换方向问畜主；当体征、实验室检查和病史中所得印象有出入时，亦须把这些材料加入而重新考虑，不应固执己见，硬用材料来迁就想象中的诊断。

三、对检查的要求

1. 机警的观察

虽然检查的方法有视、触、叩、听四种，但主要的方法应该不是多用听诊器和叩诊槌，而是很好地利用眼睛去观察。检查应从观察开始，即从患牛进入检查之前就开始。注意患牛体征是否异常、行动是否有障碍，外貌是急性病态或慢性消瘦，在非专业人员看来只是一些平常现象，但对兽医来说则微小的异常就意味着疾病的表现，严谨的观察者可以从这些表情动作中考虑到产生异常的原因。例如，有一患牛在无病的情况下，其倒沫时下颌运动方向应为顺时针方向反复旋动，当呈现逆时针方向时，说明是一种异常变化，兽医就会疑似口腔左侧部是否有异物刺入口颊黏膜，因为左侧不适，患牛就用舌头去舐，很像上述表现。然后检查口腔，果然发现左侧齿部有龋齿或金属锐器刺入口颊黏膜。另有一患牛，站立时姿态正常，当运步时，一前肢不能向前迈步，并向后拖拽，就猜想它的这一前肢可能患有桡神经或肩胛上神经麻痹症，检查后发现果然如此。这种观察能力必须在日常工作中加以培养。

2. 详尽的检查

进行检查时应有安静的环境、良好的自然光线等客观条件，这是大家所了解的，更重要的是用准确的方法进行详尽的检查，不得有一点点的遗漏。例如，“三隐蔽部位”即颌下、前裆（腋部）、后裆（股内侧部），由于部位隐蔽，往往忽略了检查，但有时又是疾病或症状的关键所在，如果未检查颌下，未发现颌下水肿，它对心脏病、肝片吸虫病的主要症状之一的诊断材料就会被遗漏；兽医曾遇交易市场出售的牛，全身检查未发现异常，最后检查颌下处，才发现有慢性瘘管。又如腋部，由于内侧皮下水肿，中兽医称“里夹气”，如单纯用眼观察，仅发现运步时前肢跛行，检查前肢膊部无异常发现，一般认为是风湿病，经过腋部检查才能确诊为“里夹气”。

我们要养成从前到后、从上到下、从右到左的习惯进行整体检查，能利用各项仪器的检查则更好，以利于发现较多的问题。比如，有一个兽医院邀兽医去会诊一头老龄母牛，妊娠后期，突然右侧卧地不起、呼吸高度困难、心悸、大汗淋漓。正值炎热夏季，该医院兽医仅看口色潮红，体温42℃，只检查左侧胸腹部，未见异常，便诊断为“中暑”。经抢救治疗后，不但无效，病况更为严重。由于会诊时将患牛翻过身来，发现右侧胸廓有一个面盆大的凹陷区，经触诊才发现为老龄骨质疏松症，在突然卧地时导致广泛性肋骨骨折。

3. 反复的检查

由于疾病是发展的，病程中有可能发生并发症，不可能在检查的当时有全部表现呈现在我们的眼前，故不仅要详尽地进行检查，还应做反复的检查。如许多发热性疾病的热型、病程，必须经数日观察才能了解。如大叶性肺炎为稽留热，

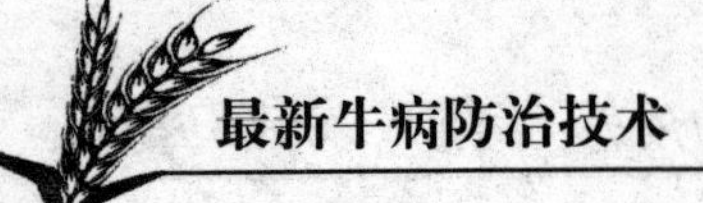

小叶性肺炎为弛张热，布氏杆菌病为波浪热。体征如此，实验室检查亦然。如肾炎初期，尿检中仅发现蛋白增多、白细胞增多，如反复检查，又发现红细胞增加；血清学反应、细菌培养对传染病的反复检查也可了解其疗效及病情的发展趋向；寄生虫病的粪便检验或血中原虫的检查，常需多次检查才能发现更具有诊断价值的数据。善于做必要的耐心的复查工作，不但对疾病的诊断不可缺少，对临床兽医来说，也是提高认识疾病的重要方法。

4. 材料要求准确

病史和检查材料既然对诊断的建立起着作用，无论其为阴性或阳性，对肯定或否定诊断都有价值。我们就要求这材料能完全准确，如病史必须深入，检查必须详尽和反复。倘若缺少某些材料而无法获得，在考虑诊断时还可以保留加入这项材料以后的另一看法；但如果有材料而不准确，则我们将会根据这些错误材料而作出错误的结论，其危险性将超过没有这项材料。

材料欠准确的原因，可能是技术不足、知识不够或不加重视，多数是由于粗心地把标本弄错或视而不见，缺少为畜主负责、为科学负责的思想所造成的。这种可疑材料，我们应客观地加以判断，并开展多次复核复审工作。

5. 从全面看问题

我们已经在诊断的原则中提到，从一个诊断着想，在进行的方法上亦是如此。材料本身并不等于疾病，如口流液体，并不表示病就在口腔，皮肤肿胀并不表示病变就发生在皮肤，尿色发红并不表示病变就发生在肾脏。在确定某一项材料的性质时，我们必须查清楚；考虑这些材料在某一患牛身上的意义时，就必须全面着眼，结合全部材料，包括其他病史、体征和实验室检查的发现，然后考虑材料在诊断中所应占的地位。切勿轻易放过有关的材料，也切勿迷惑于一些无关紧要的材料，这是利用材料达成诊断的重要方法之一。

第五节　诊断材料的分析和估价

各种作为诊断的材料，无论结果为阴性或阳性，对诊断都具有协助的价值。在何种情况下有肯定价值，在何种情况下有否定价值，全看这些材料在整个诊断中有无适当地位和是否能解释得通，如有些牵强附会，可能说明这种看法还有问题，而如何给予各种材料以适当的利用，乃是诊断学中一个重要问题。

一、对病史等一般性材料的利用

任何疾病的某一阶段和某些方面，可能与其他疾病的表现相似，当我们处理这些现象时，根据各种疾病的常见性，适当地对年龄、性别、毛色等一般性材料加以利用，能协助我们缩小诊断范围。如在幼年应考虑是否有先天性的疾病；老年应考虑是否有变性疾病的可能。同是发热，幼年须考虑是否有急性传染病的可能，母畜须考虑是否有怀孕或生殖器官发炎的可能，老年还须考虑是否有肿瘤的可能。而在某个季节，某个地区有其特殊的流行病或地方性疾病。如风湿病多见于秋季、冬春季节；细菌性疾病多见于春末、夏季；病毒性疾病多见于秋末、冬春季节；缺硒性疾病多见于缺硒的地区；氟中毒多见于含氟量较多的山区或水源中含氟量超标的地区。有水草放牧的牛群，肝片吸虫病易流行，而舍饲的牛群则一般不患本病。又如，牛患口蹄疫，是否也有羊、猪口蹄疫的发生。总之，在结合诊断时就应适当地加以考虑。

二、合理程度的估价

假定所有材料是准确的，粗看起来也是可以结合贯穿的，也必须从其程度上考虑其合理性。如患牛有发热表现，其发热是否与口蹄疫、流感等病有关；口色苍白，是否与血孢子虫病、钩虫病、捻转血矛线虫病，抑或大出血相联系。又如，发热、体表淋巴结肿大的诊断中，肺结核固然可以发热，但必须考虑其发热是由于肺外结核或与结核无关的其他病因所致；牛体表皮肤上有明显的肿块，除了脓肿外，是否存在炎肿、水肿、气肿、血肿、疝气、淋巴液外渗或肿瘤的可能性，应一一对比、分析，仔细鉴别诊断，最后才能确定是何种疾病。

三、对“矛盾材料”的估价

一些单纯的病例，客观材料与我们主观判断相符合，诊断不难。但如果所得材料不够理想，甚至出乎意外地显得矛盾，则造成作结论时的困难。我们应追问材料的来源是否可靠，考虑它对整个诊断有无妨碍，必要时做复查工作。如肺炎患牛应有白细胞增多，若所得报告为白细胞数正常或偏低，则显得矛盾。但若其他材料全指示着肺炎的诊断，我们不能因其白细胞计数不高就认为所患疾病非肺炎，而要寻找患牛抵抗力低下等原因解释这项个别的矛盾现象；相反的，如果已

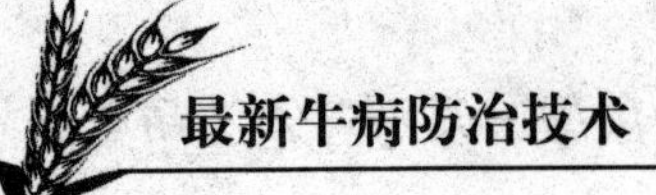

有材料并不全指示肺炎这一诊断，而白细胞数又不高，则确实加重了矛盾性，我们必须正视这些矛盾，它可能意味着肺炎的诊断确有问题，至少不是典型性的肺炎，而是非典型性肺炎。

四、对特殊材料的接受应特别注意

症状中的腹胀、食欲不振、时有腹泻或便秘、尿少而黄等，一般缺少重要意义，不予讨论。某些被采用得很多而且被当做有一定诊断价值的实验室材料，如红细胞沉降率对结核病，凝集试验对布氏杆菌病，肥达反应对伤寒病，炭疽沉淀反应对炭疽病的应用和解释，应该加以注意。它们诚然有其特殊而重要的诊断上的价值，但并非是绝对的，不少次数的实验是被滥用而且被解释是错误的，特别是由于检验者的实践水平低下或有粗心的情况发生。如果单以这些报告材料来确定诊断，其后果不堪设想。例如，活动性肺结核的红细胞沉降率是加速的，但如果不去考虑同时存在的其他感染、贫血等因素，轻易诊断为结核病，其诊断价值是不能使人信服的。又如布氏杆菌病凝集反应阳性，更常被视为布氏杆菌病的有力证据，但如不考虑其过去是否受过布氏杆菌病预防注射，不考虑其在病程中出现的时期，不反复观察其凝集价是否继续增高，便很难断定其价值。例如，一头公牛，其睾丸肿大，发热2天后就医，因第3天得到布氏杆菌病凝集实验的阳性反应报告，便被诊断为布氏杆菌病，可是第4～5天又重复做了两次实验，布氏杆菌病凝集反应均为阴性，那么第一次实验报告只能作为日后复查时的参考。因此，把第一次布氏杆菌病凝集实验阳性反应作为重要诊断资料当然是错误的。对类似的其他血清学实验的看法亦然。对于细菌培养，它原可算是最特异的材料，但即使它能与其他条件吻合，也不能接受，因为它可能是污染的结果。其他如血液检验、各种机能实验以及有关的体征检查等，也都不能单独地作为诊断的唯一依据，只能作为确诊某一疾病的资料之一。

第六节　诊断与鉴别诊断

当我们依照方法收集材料，逐步分析归纳到一定阶段，对患牛所患的疾病便可以得出一个结论，做出诊断。根据达到确诊的方法，可以分为：病史及体征的一般检查，结合流行病学知识，再结合血、粪、尿、痰的一般性常规检验，如有必要，可做一些特殊性的检查，如X射线诊断、B超诊断、病理诊断、细菌学诊断、血清学诊断等。具体诊断与鉴别诊断中应掌握以下方法。

一、直接诊断

病情简单，其病史、症状在此病中比较突出而很少为其他疾病所共有。如体温稍高、突然拒食、上吐下泻、腹痛、喜饮凉水为主的患牛，几乎可以在接触之际即可初诊为急性胃肠炎。又如突然遭遇外伤、皮肤哆裂、出血、局部有痛感，初诊为创伤是毫无疑问的。

二、除外诊断

症状不突出的疾病，由于其显示或多或少地与其他疾病相似，粗看似乎有多种可能，稍加分析，根据其不符合之点加以摒除，留下1～2种比较近似的疾病作为诊断，再进一步求得证实。比如，患牛是由于误食有毒物质，突然口流液体、瞳孔缩小、肠鸣如雷、腹痛不安、拉稀、两肷上吊、全身战栗，初诊为急性中毒，但中毒原因有很多，如食物中毒、农药中毒、药物中毒等，据畜主反映，是采食了喷过农药的青绿植物，但农药中又有有机磷、氟化物、重金属类农药如砒霜等。我们可以从临床表现初步认为是有机磷农药中毒，通过特效药如解磷定治疗，症状明显好转，再通过毒物检验又证实为有机磷农药中毒，则确诊患牛为有机磷农药中毒是有科学依据的。

三、鉴别诊断

病情未必太复杂，但其主要症状有多种可能诱因，一时不易指出。在诊断过程中，常需搜集较多材料以助诊断。如果新材料不符合原先的诊断，便应把这些旧的可能剔除，把新旧材料加在一起重新考虑，此时或许会有新的可能出现。如此步步为营地搜集和利用新旧材料，把主要的和次要的、相容的和相反的理由分别放在各种可能诊断项之下，仔细衡量这些材料对诊断最为适宜，使近似的诊断从许多相似的病群中辨别出来，便是鉴别诊断法，并以此做出最终的较切合实际的诊断结论。

但是，我们也必须注意，由于任何一种疾病，未必在一个时期内都有全部典型特征的显示，在进行鉴别诊断过程中所得的材料，也未必能全部符合某一个诊断。若重要的材料能符合诊断而缺少的材料或矛盾的材料不妨碍其诊断时，仍可认为这一诊断是最可能的。在此情况下，可以进一步用挑战性实验或实验性治疗，以观其对刺激的反应或治疗的效果，来判断此项诊断的真实性。例如，牛患了焦虫病，表现体温升高、贫血、黄疸或有血尿，体表淋巴结肿大，又值夏季或初秋季节，体表被皮上有蜱虫（俗称牛壁虱），可以做出初步诊断。但血液检查红细胞时并未发现引起焦虫病的原虫，这是什么缘故呢？我们可以有另一种解释，即可能是在无热期间取血检验的，或观察的视野很小或时间较短而一时未被发现之故。只要体征及病史完全符合，我们不能轻易否定自己的诊断，而又怀疑是否患了吸血性的钩虫病或捻转血矛线虫病，或是其他传染病。不过，对病原的进一步反复检查实属必要，也可采用抗焦虫病的特效药——贝尼尔来治疗，如果病状明显好转，甚至痊愈时，最后确诊本病是有绝对把握的。

最后，一个完备的诊断应能表明疾病的全部情形，除了说明病名外，并要求说明病变的性质和程度。例如，不能单纯地认为焦虫病有黄疸症状，而应说明此病引起黄疸的原因是大量红细胞被原虫破坏崩裂后导致所谓的溶血性黄疸，因为引起黄疸的原因尚有阻塞性黄疸和肝实质性黄疸。

第三章 临床各科疾病及其鉴别诊断要点

第一节 传染病

一、口蹄疫

口蹄疫俗称“口疮”“蹄癀”，是由口蹄疫病毒在牛、羊、猪等家畜中引起的一种急性、发热性、高度接触性、烈性传染病，其中牛最容易感染。临床特征为口、舌、唇、蹄、乳房等部位发生水疱和溃烂。本病传染性极强，常在短期内大规模的流行，造成严重的经济损失。

1. 流行特点

本病主要是通过直接接触和空气传播，通过鸟和风可从远方传播。被病毒污染的草场、饲料、饮水、用具等是传染本病的媒介。本病流行猛烈，2～3天内即可波及全群，乃至一片地区。发病率很高，但病死率不到1%～2%。

2. 临床症状

潜伏期为2～7天，有时可达14天。病牛以口腔黏膜水疱为主要特征。病初，体温升高至40～41℃，精神委顿，闭口流涎。1～2天后，口唇内面、齿龈、舌面和颊黏膜出现蚕豆至核桃大小的水疱。口角流涎增多，呈白色泡沫状，常挂在嘴边，采食完全停止。水疱经24小时破裂形成浅表的红色糜烂。与此同时或稍后，趾间及蹄冠皮肤表现热、肿、痛，继而发生水疱、烂斑，病牛跛行。水疱破溃后，体温下降，全身症状好转。如果蹄部继发细菌感染，局部化脓坏死，则病程延长，甚至蹄匣脱落。病牛的乳房皮肤有时也可出现水疱、烂斑。犊牛患病时，水疱症状不明显，常呈急性胃肠炎和心肌炎症状而突然死亡（恶性口蹄疫），死亡率高达20%～50%。

3. 鉴别诊断

（1）与牛黏膜病。口腔黏膜的糜烂与口蹄疫相似，但无水疱过程，糜烂灶

小而浅表；口腔黏膜损害之后，出现严重腹泻；妊娠母牛流产或娩出畸形胎儿。

（2）与牛恶性卡他热。除口腔黏膜有糜烂外，鼻黏膜和鼻镜上也有坏死过程，还有全眼球炎、角膜混浊，全身症状严重，病死率很高，但发病率较低。发病多与羊接触有关。

（3）与水疱性口炎。口腔病变与口蹄疫相似，但较少侵害蹄部和乳房皮肤。常在一定地区内的个别牛中发病，发病率和病死率都很低，多见于夏季和秋初。

4. 防治措施

根据国家的规定，口蹄疫病牛应一律扑杀，不准治疗，所以这里只介绍预防知识。

（1）平时的预防措施。在本病的常发区、受威胁区（如国境线地带），每3～4个月进行一次疫苗接种，O型、亚I型、A型三种疫苗都要接种。为节省疫苗接种时间，三种疫苗可同时接种。犊牛90日龄进行初免，间隔1个月进行一次强化免疫，以后每间隔3～4个月免疫一次。

（2）流行时的防治措施。发生口蹄疫时，应立即向当地兽医机关报告疫情，要根据“早、严、小”的原则，划定封锁疫区，严格封锁，就地扑灭，严防蔓延。

疫点周围和疫点内未感染的牛、羊、猪应立即接种口蹄疫疫苗。接种顺序由外向内。

污染的圈舍、饲槽、工具和粪便可用1%～2%氢氧化钠、10%～20%石灰乳、20%草木灰或1%福尔马林溶液浸泡或喷洒消毒，对不能浸泡或喷洒消毒的物品可置于封闭的容器内用福尔马林熏蒸。最后一头病牛扑杀14天后，无新病例出现，经彻底消毒，报请上级兽医防疫站批准后方可解除封锁。

目前，国家法律规定采取焚毁尸体的办法以彻底消灭病原，并由国家补偿饲养户的大部分经济损失。

二、牛病毒性腹泻——黏膜病

本病简称牛病毒性腹泻或牛黏膜病，其特征为黏膜发炎、糜烂、坏死和腹泻。

1. 流行特点

不同品种、性别、年龄的牛都易感，但以6～8月龄的小牛症状最重。本病的传播途径较多，经消化道、呼吸道和生殖道均可感染。孕牛感染后，病毒可经胎盘传给胎儿，导致流产和死产。本病在新疫区急性病例多，发病率通常不高，约为5%，但病死率高，为90%~100%；老疫区则急性病例很少，发病率和病死率很低，而隐性感染率在50%以上。本病常年均可发生，通常多发生于冬末和春季。

2. 临床症状

临床上一般分为急性型和慢性型，但即使是同型病例，其症状也往往差别很大。

（1）急性型。牛突然发病，病初呈上呼吸道感染症状，表现发热（40～42℃）、流鼻液、咳嗽、呼吸急促、流泪、流涎、精神委顿等，有的还有第二次体温升高。而后口腔黏膜发生糜烂或溃疡，出现腹泻。糜烂见于唇内、齿龈、上颚、颊部和舌面以及鼻镜、鼻孔周围，散在、浅表、细小，不易被发现。腹泻刚开始是水泻，以后带有黏液和血液，恶臭。奶牛泌乳减少或停止，有的发生趾间皮肤溃疡、蹄冠炎、蹄叶炎，从而导致跛行。重症病牛多于5～7天内因急性脱水和衰竭而死亡。病理变化主要是口腔、食管、胃肠黏膜的水肿和糜烂，其中以食管中成纵行的小糜烂最有特征性。

（2）慢性型。多由急性型转来。慢性病牛很少有明显的发热症状，但体温有时略高于正常。最具特征性的症状是鼻镜上的糜烂，这种糜烂可在鼻镜上连成一片。眼角常有浆液性分泌物，口腔内很少有糜烂，但门齿齿龈通常发红。持续性或间歇性腹泻。病牛有时会出现蹄叶炎及趾间皮肤糜烂，从而导致跛行。有的颈部、耳后皮肤呈皮屑状或局限性脱毛和表皮角化。大多数病牛均死于2～6个月内。这种病牛通常呈持续感染，发育不良，终归死亡或被淘汰。

妊娠牛患病时，可发生流产，产木乃伊胎，或引起多种先天性畸形，如白内障，眼过小，秃毛，短颈，肺、胸腺、小脑等器官发育不全等。最常见的缺陷是小脑发育不全，从而导致病犊出现站立不稳、走路摇晃等共济失调症状。还可侵害生殖细胞，引起不育症。主要病变出现在消化道和淋巴组织。特征性损害是食道黏膜糜烂，形状大小不等，呈直线排列。

3. 鉴别诊断

当病牛出现口腔糜烂或溃疡、眼鼻有分泌物时，应注意与口蹄疫、恶性卡他热、蓝舌病等相鉴别；当病牛出现慢性腹泻时，应注意与牛肠型结核病和牛副结核病相鉴别。有关鉴别要点参照口蹄疫和牛副结核病。

4. 防治措施

本病目前尚无有效治疗方法。使用收敛剂和补液疗法可缩短恢复期，减少

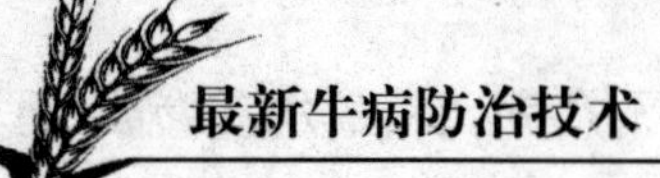

损失。用抗生素和磺胺类药物可减少继发性细菌感染。引种时要加强检疫，防止引入带毒牛。一旦发生本病，对病牛要隔离治疗或急宰。严格消毒，限制牛群活动，防止扩大传染。必要时可用黏膜病弱毒疫苗或猪瘟弱毒疫苗进行预防接种。

三、水疱性口炎

水疱性口炎是一种急性、热性、水疱性传染病，主要发生于牛、马、猪及某些野生动物中。特征为口腔黏膜、舌、唇发生水疱，偶见侵害蹄部和乳房皮肤。

1. 流行特点

病牛随水疱液和唾液排出病毒，健康牛通过损伤的皮肤和黏膜感染，因此，污染的饲料、饮水和昆虫叮咬都是本病的传播媒介。本病多在一定地区内的个别牛中发病，有明显的季节性，多见于夏季和秋初。

2. 临床症状

潜伏期3～5天，长者可达9天。病牛高热（40～41℃），食欲减退，反刍减少，大量饮水。特征性的症状是在舌、唇黏膜上出现米粒大的小水疱，而后彼此融合形成蚕豆大的大水疱，内含黄色透明液体。水疱破裂、疱皮脱落后，遗留边缘不整的鲜红色烂斑。病牛大量流涎，呈引缕状垂于口角，并发生咂唇音。有的在蹄部和乳房皮肤上也发生水疱。病程1～2周，转归良好，极少死亡。

3. 鉴别诊断

容易与口蹄疫混淆，应注意区别，鉴别要点见口蹄疫（第六章第二节）。

4. 治疗

本病多呈良性经过，加强护理即可康复。如口腔黏膜有烂斑，可用0.1%高锰酸钾水溶液冲洗口腔，而后涂抹碘甘油，也可配合病毒唑肌内注射。

5. 预防

本病发生后，应隔离病牛和可疑病牛，并封锁疫区，污染的牛舍、场地和用具等用2%～4%氢氧化钠溶液消毒。

四、牛流行热

牛流行热又称三日热、暂时热，是牛的急性、热性传染病。主要特征是高烧、流泪、呼吸促迫、流出泡沫样的口水、流鼻液以及后肢活动不灵活。发病率高，但多呈良性经过，轻症2～3天内即可恢复正常。

1. 流行特点

本病主要发生于3～5岁的黄牛和奶牛，黄牛、高产奶牛和进口牛种最容易感染，哺乳母牛症状较严重，犊牛发病率较低。主要发生在蚊蝇较多的季节，特别是在7~9月易发生流行。该病的传染源为病牛，吸血昆虫可能在该病的传播中起作用。

2. 临床症状

潜伏期3～7天，在此期间病牛有打寒颤、动作不太协调的表现，但通常不易被察觉。随后，突然发热达40℃以上，并持续2～3天，病牛在高热时，呼吸困难，常发出呻吟声。眼结膜发红肿胀，流泪，怕光，鼻中流出透明黏稠鼻液，嘴边有泡沫，嘴角流口水呈线状。排尿量减少，常排出暗褐色、不清亮的尿液。病牛不爱活动，行走时步态不稳，后肢抬举困难，常擦地前行。鼻镜干燥，反刍停止，产乳下降甚至停乳。更严重时，病牛常卧地不起，四肢关节有轻度肿胀和疼痛，甚至跛行。孕牛可流产，大多数牛能耐过，个别病牛可因窒息或继发肺炎而死亡。

3. 鉴别诊断

与呼吸型牛传染性鼻气管炎。该病没有明显的季节性，但多发生于冬季。该病只感染牛，多表现为高烧、流鼻液、流泪、呼吸困难、咳嗽等症状。

与恶性卡他热。参照口蹄疫的鉴别诊断。

与牛副流感。该病常发于冬春寒冷季节，除呼吸道症状外，还可见乳房炎，但无跛行。

与其他病毒性感染。牛感染牛腺病毒、牛呼吸道合胞体病毒、牛鼻病毒后，也可出现发热、鼻炎、气管炎、支气管肺炎等症状。主要靠实验室检查加以区分。

4. 治疗

迄今为止牛流行热无特异疗法。为恢复健康、阻止病情恶化、防止继发感染，只能采取对症治疗。体温升高时，可肌内注射复方氨基比林20～40毫升，或30%安乃近20～30毫升。对重症病牛，同时给予大剂量的抗生素，防止继发感染，并静脉内补液、强心、解毒，常用葡萄糖氯化钠注射液2 000～3 000毫升、10%安钠咖20毫升、维生素C20～30毫升，肌内注射维生素B_1、维生素B_{12}30～50毫升，每天2次。严禁口服灌药，以免引起异物性肺炎。对四肢关节疼痛的，可静脉注射复方水杨酸钠溶液200毫升。实践证明，加强护理可以收到事半功倍的疗效。

5. 预防

自然发病康复牛在一定时间内对本病有免疫力。用弱毒疫苗接种，共接种2次，第1次接种后1个月再接种1次，免疫期6个月。也可用灭活疫苗，其效果更佳。

加强环境卫生，积极消灭蚊蝇，做好防暑降温工作。供给易消化且营养丰富的优质饲料，以提高机体抗病力。经常保持牛栏清洁干燥、通风凉爽。发生疫情后，及时隔离病牛，并进行严格的隔离和消毒，消灭蚊蝇等吸血昆虫，能有效地控制疫情。

五、恶性卡他热

恶性卡他热又称恶性头卡他、坏疽性鼻卡他，是牛的一种急性、热性、高度致死性传染病。其特征为发热，眼、口、鼻黏膜剧烈发炎，角膜混浊，并伴有严重的神经症状，病死率很高。

1. 流行特点

各种牛均易感染，以1～4岁的牛发病多，但以2岁左右的小牛最易感染，老龄牛发病少。绵羊和鹿呈隐性感染，牛发病都与接触绵羊有关，但是病牛与健牛接触不发生传染。本病一年四季均可发生，多见于冬季和早春。一般呈零星散发病，但病死率很高，可达60%～90%。

2. 临床症状

潜伏期一般4～20周或更长。临床病型有多种，如头眼型、消化道型、最急性型、良性型、慢性型等，但常多型混合表现。病牛突然体温升高（41～42℃），稽留热，全身迅速虚弱，不久眼、口、鼻黏膜剧烈发炎。双眼羞明，眼睑肿胀闭合，流泪，常有脓性及纤维素性分泌物，角膜混浊甚至发生溃疡，最终完全失明。同时，鼻镜干裂、糜烂或坏死；口鼻黏膜充血、糜烂或溃疡，覆有污灰色假膜，其味恶臭；额窦、鼻窦和角窦发炎致使局部发热，角根松动甚至角脱落；头部和全身淋巴结肿大；粪便先干后泻，混有血液，恶臭。有的皮肤出现丘疹、水疱疹或龟裂等变化。多数病例伴发神经症状，沉郁或昏迷，有时兴奋、哞叫、磨牙，甚至攻击人畜。病程一般5～14天，但有少数呈最急性经过，尚未出现眼、口、鼻的特征性症状即于1～2天内死亡。良性经过时只表现轻微的头部黏膜卡他。

3. 鉴别诊断

本病常与口蹄疫、牛病毒性腹泻—黏膜病、牛蓝舌病等类似疾病相鉴别。

（1）与口蹄疫。该病在口腔和蹄部产生特征性水疱，且无神经症状，容易与恶性卡他热区别。

（2）与牛病毒性腹泻——黏膜病。该病多发生于幼龄小牛，一般无神经症状。

（3）与牛蓝舌病。恶性卡他热病牛的硬腭、前胃黏膜发生广泛的糜烂病灶，常有眼部疾患，角膜混浊，且为零星散在发生，病死率很高。必要时可通过动物接种进行区别。

4. 治疗

本病目前尚无可供免疫接种的生物制剂，也无特效的治疗方法和药物。

5. 预防

控制本病最重要的措施是，在本病流行区将牛羊隔离，避免牛羊接触或混群圈养，防止疾病传播。同时注意牛舍和用具的消毒。

六、蓝舌病

蓝舌病是反刍动物的一种非接触病毒传染病，主要发生于绵羊、山羊、牛和鹿。其特征是发热，白细胞减少，口腔、鼻腔和胃肠黏膜发生溃疡性炎症，且病畜的舌呈蓝紫色，该病也因此而得名。

1. 流行特点

本病传染源为病羊，疫区健康的牛也有带毒。主要通过库蠓类传递，库蠓吸病畜血后，病毒于其体内繁殖，再叮咬健康畜时即可传染本病。在5～10月份库蠓活动季节易发本病，低洼地区易流行本病。

2. 临床症状

潜伏期5～7天。病牛口唇轻微水肿，硬腭、唇、舌、颊部及鼻镜有轻微的糜烂，口鼻有分泌物。呼吸浅表，咳嗽，肌肉僵硬，体温升高，厌食，妊娠母牛可引起流产。

3. 鉴别诊断

蓝舌病与牛病毒性腹泻——黏膜病和恶性卡他热等有一些相似之处，应注意

鉴别。

（1）与牛病毒性腹泻—黏膜病。病牛虽然可在口腔内出现糜烂，但以腹泻为主，且无舌、咽喉和食管麻痹症状。

（2）与恶性卡他热。除口腔有糜烂外，还有角膜混浊、全眼球炎等严重的眼部症状。

4. 防治措施

从外地购入牛、羊时要检疫，不从有蓝舌病的疫区购入牛、羊。在夏季不到低洼地区放牧，做好防蠓等吸血昆虫的工作。

七、轮状病毒感染

轮状病毒感染主要是多种幼龄动物（包括牛、羊、猪、犬、马、兔等）和人类婴幼儿的一种急性肠道传染病，统称轮状病毒腹泻，以厌食、腹泻、脱水和体重减轻为特征。

1. 流行特点

病畜、隐性病畜和患病的人是本病的传染源，多发生于1周龄内的新生犊牛，经消化道途径感染易感家畜。该病多发生在晚秋、冬季和早春季节。应激因素，特别是寒冷、潮湿、不良的卫生条件，饲喂营养不平衡的饲料和其他疾病的袭击等，对该病的严重程度和病死率均有很大影响。

2. 临床症状

潜伏期15～96小时，病牛精神委顿，体温正常或略有升高。若体温下降到常温以下则是死亡征兆。厌食和腹泻，粪便黄白色，液状，有时带有黏液和血液，腹泻持续4～7天则脱水明显，病死率可达50%。寒冷气候使许多病牛继发严重的肺炎而死亡。

3. 治疗

发现病牛应立即隔离到已消毒的清洁、干燥和温暖圈舍内，加强管理，及时清除病牛粪便及污染的垫草，对污染的环境和容器及时消毒。停止喂奶，让病牛自由饮用葡萄糖甘氨酸溶液（葡萄糖22.55克、氯化钠4.75克、甘氨酸3.44克、柠檬酸0.27克、枸橼酸钾0.04克、无水磷酸钾2.27克，溶于1升水中即成）或葡萄糖盐水。并对病牛进行对症治疗，如口服收敛止泻剂，使用抗菌药物以防止继发感染，静脉注射5%葡萄糖盐水和5%碳酸氢钠溶液以防止脱水和酸中毒等。

4. 预防

该病的预防主要依靠加强饲养管理，认真执行一般的动物防疫措施，增强母牛和犊牛的抵抗力。在疫区要做到新生犊牛及早吃到初乳，接受母源抗体的保护以减少和减轻发病。有条件的地方可通过注射疫苗以预防牛轮状病毒的感染。

八、牛传染性鼻气管炎

牛传染性鼻气管炎又称“坏死性鼻炎”“红鼻子病”，是牛的一种急性、接触性传染病。临床特征是鼻道、气管黏膜发炎，出现发热、咳嗽、流鼻液和呼吸困难等症状，有时伴发结膜炎、阴道炎、龟头炎、脑膜脑炎、乳房炎，也可发生流产。

1. 流行特点

本病主要感染牛，尤其是肉用牛最易感，其次是奶牛。肉用牛群的发病有时高达75%，其中又以20～60日龄的犊牛最为易感，病死率也较高。病牛和带毒牛是传染源，易感牛可通过呼吸道或生殖道感染。饲养密集、通风不良可增加接触机会，因此，本病多发于冬春舍饲期间。

2. 临床症状

潜伏期一般为4～6天，有时达20天以上。根据侵害的组织不同，本病有6种临床类型，但是它们往往是不同程度地同时存在，很少单独发生。

（1）呼吸道型。本型在临床上较为常见，通常发生于寒冷季节。病牛高热40℃以上，咳嗽，呼吸困难，流泪，流涎，流黏液脓性鼻液，鼻黏膜高度充血，有散在的灰黄色小脓疱或浅而小的溃疡。鼻镜也发炎充血，呈火红色，故有“红鼻子病”之称。病程10～14天，发病率高达75%以上，但病死率不高，通常在10%以下。犊牛症状急而重，常因窒息或继发感染而死亡。

（2）生殖器型。本型主要见于性成熟的牛，多由交配感染。母牛患本型又称传染性脓疱性外阴阴道炎。病牛尾巴竖起摔动，频尿，阴门流黏液脓性分泌物并呈线条状。外阴和阴道黏膜充血肿胀，散在有灰黄色粟粒大的脓疱，严重时黏膜表面被覆灰色假膜，并形成溃疡，甚至发生子宫内膜炎。公牛患本型又称传染性脓疱性包皮龟头炎。患病公牛龟头、包皮内层和阴茎充血，形成小脓疱或溃疡，康复后可长期带毒。

（3）脑膜脑炎型。本型主要发生于犊牛。病犊体温升高达40℃以上，开始

表现为流鼻液、流泪、呼吸困难等症状。3～5天后可见肌肉痉挛、兴奋或沉郁、视力有障碍。最后出现惊厥、共济失调、角弓反张、口吐白沫、倒地，直至死亡，病死率50%以上。

（4）眼炎型。本型多与上呼吸道炎症合并发生。主要症状是结膜角膜炎，表现结膜充血，眼睑水肿，大量流泪，角膜形成云雾状灰色坏死膜，结膜形成颗粒状坏死膜，眼、鼻有浆液性或脓性分泌物，很少引起死亡。

（5）流产型。妊娠牛可在呼吸道和生殖器症状出现后的1～2个月内流产，也有突然流产的。非妊娠牛则可因卵巢功能受损害导致短期内不孕。

（6）肠炎型。本型见于2～3周龄的犊牛，在发生呼吸道症状的同时出现腹泻，甚至排血便。病死率20%～80%。

3. 鉴别诊断

参照牛流行热。

4. 治疗

本病目前无特效药物治疗，为阻止继发感染，可应用广谱抗生素或磺胺类药物，配合对症治疗以减少死亡。

5. 预防

预防本病的关键是防止传染源侵入牛群，引进牛只时，一定要先隔离检疫3周，对种公牛要采精检验，确认健康后方可混群或参加配种。在流行区域和受威胁地区，用牛传染性鼻气管炎弱毒疫苗或灭活疫苗进行免疫接种，以预防和控制本病，6月龄以上犊牛必须接种疫苗。

九、炭疽

炭疽是一种急性、热性、败血性的人兽共患传染病。病牛表现为突然高热，可视黏膜发绀和天然孔出血，血液凝固不良，呈煤焦油样。其病变特点是脾脏显著肿大，皮下及浆膜下结缔组织出血性浸润。

1. 流行特点

各种家畜和人都有不同程度的易感性。主要传染源是病牛，病畜分泌物、排泄物及尸体污染的土壤中长期存在着炭疽芽孢，将可能成为长久的疫源地。本病主要通过采食污染的饲料、饲草和饮水经消化道感染；其次通过皮肤感染，是由带有炭疽杆菌的吸血虫叮咬而感染；此外可由于吸入带有炭疽芽孢的灰尘，通过呼吸道感染。本病常呈地方性流行或散发，且在夏季多发。

2. 临床症状

潜伏期1～3天，有的长达14天。根据临床症状和病程可分为以下几种类型：

①最急性型。多见于流行初期。牛突然发病，行如醉酒，或突然倒地，全身战栗。体温升高，呼吸极度困难，可视黏膜蓝紫，天然孔流出煤焦油样血液，常于数分钟内死亡。

②急性型。最为常见，体温升高至42℃，呼吸和心跳加快，可视黏膜蓝紫，表现兴奋不安，吼叫或顶撞人畜，以后精神不振，反刍停止，瘤胃臌胀。奶牛泌乳停止，呼吸困难，孕牛迅速流产。有的病牛有腹痛和血样腹泻。后期体温下降，痉挛而死，病程1～2天。

③亚急性型。症状类似急性型，除急性、热性病征外，常在体表各部，如喉部、颈部、胸前、腹下、肩胛、乳房等部皮肤，以及直肠、口腔黏膜等处发生炭疽痈，初期硬固有热痛，以后热痛消失，可发生坏死或溃疡，病程可长达一周。

3. 鉴别诊断

①与急性中毒。体温不升高，有中毒症状和中毒史。

②与巴氏杆菌病。无尸僵不全，脾脏变化不明显，取血液、脏器或肿胀部水肿液涂片染色镜检，可见两极浓染的巴氏杆菌。

③与气肿疽和恶性水肿。患部常呈气性炎性肿胀，按压有捻发音，切开后流出含气泡和酸败臭味的液体。取水肿液涂片染色镜检，可发现无荚膜但中央有梭形芽孢的粗大杆菌。

④与梨形虫病。取血液涂片镜检，可在红细胞内发现呈梨形的血孢子虫，用贝尼尔、黄色素等药物治疗可获良效。

4. 防治措施

发生炭疽时应立即向防疫部门上报疫情并封锁发病场所。禁止动物、动物产品和草料出入疫区，禁止食用患病动物的乳、肉等。动物尸体依法焚烧，或覆盖生石灰或20%漂白粉后深埋。周围假定健康群应立即进行紧急免疫接种；可疑动物可用敏感药物防治，如青霉素、土霉素、链霉素及磺胺类药。

全场彻底消毒，污染的地面连同15～20厘米厚的表层土一起取下，加入20%漂白粉溶液混合后深埋。污染的饲料、垫草、粪便焚烧处理。动物圈舍的地面和墙壁用20%漂白粉溶液或10%烧碱水喷洒3次，每次间隔1小时，然后认真冲洗，

干燥后火焰消毒。在最后一头动物死亡或痊愈14天后，若无新病例出现，可报请防疫部门批准，并经终末消毒后方可解除封锁。

由于炭疽的疫源地一旦形成即难以在短期内根除，因此对炭疽疫区内的易感动物，每年应定期进行预防接种。常用的疫苗有无毒炭疽芽孢苗或炭疽第二号芽孢苗，接种后14天产生免疫力，免疫期为1年。

十、恶性水肿

恶性水肿是一种经创伤感染的急性传染病。其特征为创伤局部发生急剧气性水肿、炎性水肿，并伴有发热和全身毒血症。

1. 流行特点

本病病原菌在自然界分布很广，尤其在动物粪便污染的表层土壤中更多。牛多在发生闭合性污染创（如分娩、去势、刺伤、骨折等）后继发本病，一年四季均可发病。

2. 临床症状

潜伏期12～72小时。在创伤周围迅速发生肿胀，肿胀呈水肿性并有气性肿胀。初期坚实热痛，后期无热无痛，柔软。体温升至40.5～41.5℃。触摸肿胀上方有捻发音是本病的一个特点。切开肿胀部、皮下、肌肉有多量红褐色液体流出，混有气泡，气味腥臭。肿胀发展迅速，同时全身中毒症状随之加剧，表现有呼吸困难、结膜充血、发绀等变化。产道感染时，阴门肿胀，阴道充血，流出有臭味的褐色液体。肿胀迅速波及会阴、乳房、下腹乃至股部，此时病牛运动障碍，垂头拱背，呻吟，通常经2～3天死亡。

3. 鉴别诊断

本病与气肿疽都有急性炎性、气性肿胀的症状，容易混淆。鉴别要点见气肿疽。

4. 防治措施

平时注意防止外伤，一旦发生外伤则要及时清创与消毒。接产、阉牛时，选择避风清洁之处，做好术前、术后严格消毒。发生本病时，应隔离治疗。必要时可用含腐败梭状芽孢杆菌和气肿疽梭状芽孢杆菌的混合菌苗预防免疫。污染的圈舍和场地随时用10%漂白粉或3%氢氧化钠溶液消毒，并烧毁粪便和垫草。同时要做好个人防护。

对病牛应用磺胺二甲嘧啶0.15~0.2克/千克体重，口服，或青霉素4 500 ~ 9 000单位/千克体重，肌内注射，配合链霉素3 ~ 4克/头，肌内注射。本病发展迅速，很快进入败血症阶段，大多数病例治疗无效而死亡。

十一、气肿疽

气肿疽俗称“黑腿病”，是牛的一种急性败血性传染病，以肌肉丰满的部位（尤其是股部）发生黑色的炎性气性肿胀、按压有捻发音为特征。

1. 流行特点

以黄牛的易感性最大，尤其是2岁以下的小牛更多发，发病率可达到2% ~ 3%。奶牛和水牛易感性较差，病牛是主要的传染源。肿胀部位破溃后，病菌随渗出物排出而污染环境，通过消化道感染，也可经创伤及吸血昆虫的叮咬而传染。舍饲牛发病无明显季节性，放牧牛夏季发生较多。

2. 临床症状

潜伏期一般为3 ~ 5天。突然发病，体温升高达40 ~ 41℃，食欲和反刍停止，出现跛行。不久在股、臀、腰、肩等肌肉丰满的部位发生炎性气性水肿，并迅速向四周扩散。初有热有痛，后变凉且无痛，肿胀皮下干硬，叩之如鼓，压之有捻发音。切开肿胀处，可见泡沫状黑红色酸臭液体。病牛全身症状迅速恶化，脱水，躺卧，出现明显的神经症状和休克，常在2 ~ 3天内死亡。

3. 鉴别诊断

气肿疽的局部肿胀与恶性水肿十分相似，特别要注意鉴别。恶性水肿各处都可能发生，呈散发，大多经创伤感染，各种年龄和品种的牛都可发生。另外，恶性水肿发生部位不定，有嘎吱音（捻发音），但不如气肿疽显著，气肿疽主要在肌肉丰满部位发生水肿，嘎吱音显著。还应注意与牛炭疽和牛巴氏杆菌病区别，鉴别要点见炭疽相关介绍。

4. 治疗

气肿疽发病急，经程短，一定要及早大剂量地使用抗菌药物，方能提高疗效。青霉素每天肌内注射3 ~ 4次，每次200万 ~ 300万单位。也可静脉注射4.4万单位/千克体重的青霉素，每日4 ~ 6次，效果极好。如配合抗气肿疽血清，效果更好。肿胀局部在后期必须在严防散毒的条件下迅速切开，使组织和氧直接作用，以破坏厌氧环境。

5. 预防

对近3年内发生过气肿疽的地区，每年春天要接种气肿疽菌苗，大小牛一律皮下注射5毫升，小牛满6个月后须再加强免疫一次，免疫期约6个月。一旦发生本病，要对整个牛群逐头检查，对病牛和可疑病牛就地隔离治疗，其他牛立即接种气肿疽菌苗。病牛的尸体不准食用，连同被污染的粪、尿、垫草等一起烧毁或深埋。病牛舍及场地用3%的甲醛液彻底消毒，对注射器械、针头和用具严格消毒，防止交叉感染。

十二、肉毒梭菌中毒症

肉毒梭菌中毒症是由于摄入含有肉毒梭菌毒素的食物或饲料而引起的人和多种动物的一种中毒性疾病。本病以运动神经麻痹为特征。

1. 流行特点

肉毒梭菌在自然界中广为分布，牛多在采食了含有毒素的腐烂青贮饲料或腐尸（如鼠尸）后发病。

2. 临床症状

潜伏期与摄入毒素量多少有关，一般为4～20小时，长的可达数日。突出的症状为神经麻痹，从头部向后躯迅速发展。初见咀嚼、吞咽异常，后期则完全不能嚼咽；下颌下垂，舌垂于口外；眼半闭，似睡眠状，瞳孔散大。波及四肢时，步态踉跄，卧地不起，但反射、意识始终正常。最后多因呼吸麻痹而死亡。病程长短视摄入毒素量而异，最快者数小时内即死亡，病死率达70%～100%。

3. 治疗

病牛多数死亡。发病早期可试用0.1%高锰酸钾水灌肠洗胃，或口服盐类泻剂，促进排毒，同时采取强心补液措施。如早期应用肉毒梭菌抗毒素治疗，效果较好。

4. 预防

关键是禁喂腐烂草料，特别是霉烂的青贮饲料，缺磷地区应多补钙和磷。经常发生本病的地区，应每年在发病季节前用肉毒梭菌C型明矾菌苗定期进行接种，每头牛皮下注射10毫升。

十三、破伤风

破伤风又称强直症、锁口风或脐带风，是一种急性中毒性人兽共患病，牛易感染。本病以肌肉强直性痉挛、对外界刺激的反射兴奋性增高为特征。

1. 流行特点

破伤风梭菌广泛存在于土壤和草食兽的粪便中，当牛发生创口狭小而深的外伤时，病菌被带入而致病。因此，本病无季节性，多呈散发。

2. 临床症状

常见于阉割、钉伤、刺伤和脐部感染之后，潜伏期1～2周。发病时，肌肉僵硬，张口困难，运动拘紧，严重时关节不能弯曲；反刍、嗳气停止，瘤胃臌胀。瞬膜突出，受到声响、强光等刺激时症状加剧，病死率较低。

3. 鉴别诊断

轻症时，应与全身性肌肉风湿症相区别。急性风湿症兴奋性不高，肌肉疼痛，瞬膜不突出，体温升高。

4. 治疗

把病牛放于阴暗避光的圈舍。扩大创口，清除脓汁和坏死组织，用3%双氧水或5%碘酊消毒，肌内注射青霉素200万～400万单位。同时静脉注射破伤风抗毒素50万～90万单位，40%乌洛托品50毫升。为缓解痉挛，可静脉缓慢注射25%硫酸镁100毫升。此外，还要进行对症治疗，如输液补糖，解除酸中毒以防治并发症。

5. 预防

每年给牛接种一次破伤风类毒素，一律皮下注射2毫升。断脐、阉割或发生外伤时，立即用碘酊严格消毒，有条件者，可同时肌内注射破伤风抗毒素1万～3万单位。

十四、坏死杆菌病

坏死杆菌病是由坏死梭杆菌引起的各种哺乳动物和禽类的一种慢性传染病。牛由于发生部位不同而有犊白喉、腐蹄病等名称，以病变组织呈现坏死和有特殊臭味为特征。

1. 流行特点

本病的传染源主要为病畜和带菌动物。患病动物的肢、蹄、黏膜出现坏死病变，病菌随渗出分泌物污染周围环境。皮肤、黏膜和消化道一旦发生损伤，就可能感染发病。牛群密集拥挤，或长期在低洼潮湿地放牧，采食带刺植物等，可促使本病发生。

2. 临床症状

潜伏期一般为1~3天，病型因受害部位不同而有所不同：

①腐蹄病。多见于成年牛。病初跛行，蹄部发热肿胀，流出恶臭的脓汁，极为疼痛。不久趾间或蹄后部皮肤出现坏死区，并逐渐向上向深部蔓延，甚至波及关节，严重者可引起蹄匣脱落，出现发热、厌食等症状，可发生脓毒败血症而死亡。

②坏死性口炎。又称“犊白喉”，多发生于犊牛。病初厌食、体温升高、流涎。颊、齿龈、软颚、舌缘及喉头等处的黏膜发生坏死，坏死灶表面附有污褐色粗糙的假膜，假膜脱落后露出溃疡面。如病灶发生于喉头、气管，可致呼吸困难；如转移至肺，可引起坏死性支气管肺炎；如转移至肠，可引起坏死性肠炎而呈现下痢。

3. 治疗

对腐蹄病，先彻底清除患部坏死组织，用1%高锰酸钾水、3%来苏儿或10%硫酸铜冲洗消毒，也可用5%福尔马林或10%硫酸铜进行蹄浴。用1%甲醛酒精绷带多层包扎后，涂布熔化的柏油或裹以石膏，防止绷带脱落和污物渗入。对犊白喉，小心除去假膜，用1%高锰酸钾水冲洗口腔，然后涂擦碘甘油，每天2次，直至痊愈。为了防止病菌转移，可静脉注射抗菌药物，如磺胺药物。

4. 预防

加强环境卫生和护蹄措施，避免皮肤和黏膜损伤，发生外伤要及时处理。不到低洼潮湿地放牧，在多发季节，可在饲料中加抗生素类药物进行预防。

十五、牛巴氏杆菌病

牛巴氏杆菌病又称牛出血性败血症，是牛的一种急性传染病。以发生高热、肺炎和内脏广泛出血为特征。

1. 流行特点

牛在发病前已带菌，当受冷、过劳、长途运输或饥饿等诱因导致抵抗力降低时即可致病。发病后，病原体的毒力增强，并随分泌物、排泄物排出体外，污染饲料和饮水等，引起其他牛感染，也能经呼吸道感染，天气突变和秋末冬初容易发病。

2. 临床症状

潜伏期2~5天，根据临床症状可分为以下三种类型：

（1）败血型。体温突然升高到41～42℃，精神沉郁，食欲废绝，不久就开始拉稀。起初粪便是糊状，随病情的加重逐渐转为水样，有时粪便里夹带有血，且恶臭。鼻孔、尿液中也有可能带血，这种症状维持不到一天，体温就很快下降，病牛就有可能死亡。

（2）肺炎型。该型最常见。病牛的脖子、胸部发生浮肿，造成呼吸困难，皮肤发紫，舌头外翻，流泪，流涎，有痛性干咳，鼻流出无色或带血泡沫。叩诊胸部，一侧或两侧有浊音区；听诊有支气管呼吸音和啰音，或胸膜摩擦音。严重时，病牛呼吸高度困难，头颈前伸，张口伸舌，常迅速死于窒息。有些犊牛常出现便血性严重拉稀，最终也会因为虚脱而死亡。

（3）水肿型。病牛胸前和头部水肿，严重的可能波及腹部，触诊有硬实感，牛表现出疼痛感。舌、咽部严重肿胀，眼红肿，流泪，呼吸困难，最后也是因窒息或拉稀虚脱而死亡。如果怀孕的母牛患病，很可能发生流产、产死胎等情况。

3. 鉴别诊断

本病水肿型与亚急性型炭疽、气肿疽、恶性水肿容易混淆，急性败血型与最急性型炭疽容易混淆，鉴别要点参见炭疽。

4. 治疗

对急性病牛，可及时注射抗出败高免血清，大牛60～100毫升，小牛30～50毫升，一次注入，同时用青霉素、链霉素、磺胺药来联合治疗，效果很好。也可用其他抗菌药物，如环丙沙星，肌内注射量2.5～5毫克/千克体重，静脉注射量2毫克/千克体重，均为每天2次。用磺胺噻唑或磺胺二甲基嘧啶。全日量为0.1～0.2克/千克体重，分4次服用，连用3天；也可以用20%磺胺噻唑钠50～100毫升，静脉注射，连用3天。同时，还要注意对症治疗。

5. 预防

平时应加强饲养管理和清洁卫生，消除疾病诱因，增强抗病能力。对病牛和疑似病牛，应严格隔离。对污染圈舍和用具用5%漂白粉或10%石灰乳消毒。发过病的地区，每年接种牛出血性败血症氢氧化铝菌苗一次，体重200千克以上的牛6毫升，小牛4毫升，皮下或肌内注射。

十六、犊牛大肠杆菌病

犊牛大肠杆菌病是由致病性大肠杆菌引起的新生犊牛急性传染病。其临床特征是排灰白色稀便（故又称犊牛白痢）或呈急性败血症症状。本病发生较为普

遍，常与病毒性腹泻合并发生。

1. 流行特点

本病主要危害未吃初乳的1周龄以内的新生犊牛。病畜和带菌者是本病的主要传染源，犊牛吃奶或饮食时可经消化道感染，当新生犊牛抵抗力不足（未获得初乳抗体）或发生消化障碍时，均可发病。母牛营养不良、运动不足致使乳汁质量不佳，牛舍不洁，气候多变等不利因素可促使发病。本病多发生于冬季舍饲期间。

2. 临床症状

本病潜伏期很短，仅几个小时。根据病犊的年龄和症状，本病有以下两种类型：

（1）败血型。几乎都发生于2～3日龄的初生犊牛，病犊表现发热，精神不振，间有拉稀，常常呈急性败血症症状，病程很短，有的没等出现任何症状就突然死亡。

（2）肠型。病初体温升高达40℃，食欲减退或废绝，数小时后开始下痢。初期排出的粪便呈淡黄色粥样，有恶臭，继则呈水样、淡灰白色，混有未消化的凝乳块、凝血及泡沫，有酸败气味。病的末期，病犊因肛门松弛而自由流出粪便，污染后躯。病犊常有腹痛，用腿踢腹部，后期高度衰竭，卧地不起，有时表现痉挛。一般经1～3天因虚脱而死，死亡率可达80%～100%。耐过的病犊，恢复很慢，发育迟缓，并常继发脐炎、关节炎或肺炎等病。

3. 鉴别诊断

（1）与牛沙门氏菌病。该病以发热、下痢为主要特征，粪便带血、恶臭，胃肠黏膜和浆膜上有出血斑；病原体为沙门氏菌。

（2）与犊牛梭菌性肠炎。该病以排血便为特征，主要病变是小肠黏膜出血、坏死；由魏氏梭菌引起。

（3）与新生犊牛病毒性腹泻。该病轮状病毒感染发生于1周龄以内的犊牛，冠状病毒感染多见于2～3周龄犊牛，均以呕吐、水泻和脱水为特征。

（4）与牛球虫病。该病以恶臭的血痢与直肠黏膜出血和溃疡为主要表现，取肠黏膜和粪便压片检查，可见球虫卵囊。

（5）与牛冬痢。该病为冬季舍饲牛暴发的一种急性腹泻病，排水样棕色稀便或全血便，但全身症状轻微，很少死亡；病原体与空肠弯曲杆菌有关。

4. 治疗

口服高锰酸钾水即可收到较好的效果，每次4～8克，配成0.5%的水溶液灌服，每天2～3次。或者口服磺胺脒（每次10～20克，每天2～3次）、氟哌酸（10毫克/千克体重，每天2次）等药物。下痢不止者，应口服次硝酸铋（5～10克）或活性炭（10～20克），保护肠黏膜，减少毒素吸收。同时进行静脉补液，静脉注射5%生理盐水500～1000毫升，或在其中加入碳酸氢钠或乳酸钠等以预防酸中毒。

5. 预防

犊牛出生后，于2小时内喂给初乳，保持乳房和牛舍清洁，防止新生犊牛接触粪便，是预防本病发生的主要措施。另外，有条件的，于产前给母牛接种大肠杆菌菌苗，以提高初乳中特异抗体的含量，可收到较好的预防效果。

十七、牛沙门氏菌病

牛沙门氏菌病又叫牛副伤寒，是由沙门氏细菌所引起的一种传染病。临诊上多表现为败血症和肠炎，可使怀孕母牛发生流产。

1. 流行特点

本病主要侵害10～40日龄的犊牛。犊牛通常是由于采食了病牛、带菌牛粪尿污染的饲料、饮水等而感染发病，带菌母牛有时还可通过乳汁排出病菌。未喂初乳、乳汁不良、断奶过早、寒冷潮湿、寄生虫侵袭等因素可促使本病发生。一年四季均可发生，犊牛往往呈流行性发病，成年牛呈散发。

2. 临床症状

体温可高达40～41℃，食欲废绝，排出灰黄色液状粪便，混有黏液、血液，具有恶臭味。通常于发病后5～7天因脱水而死亡，死亡率可达50%。未死者可能发生关节肿或支气管肺炎。

成年牛症状多不明显或取隐性经过，少数表现严重下痢，粪便带血，剧烈腹痛，并可很快死亡。孕牛流产。即使症状消失，仍可随粪便排菌，污染外界，造成新的传染。

3. 鉴别诊断

球虫、大肠杆菌也可引起犊牛重度腹泻，应注意区别。鉴别要点见犊牛大肠杆菌病。

4. 治疗

口服复方新诺明，70毫克/千克体重，首次量加倍，每天2次；磺胺类（磺胺嘧啶和磺胺二甲基嘧啶）药物也有效。沙门氏菌易产生抗药性，如用一种药物无效时，可换用另一种。下痢较重时，应对症治疗，及时输液，以防脱水。

5. 预防

主要是加强对犊牛和母牛的饲养管理，保持卫生，减少诱病因素。发生本病后除隔离治疗病牛外，对其他牛应取其直肠拭子或阴道拭子，进行沙门氏菌检查，及时检出带菌牛，并予以淘汰。死亡牛应深埋或烧毁，同时对圈舍、用具彻底消毒。也可试用牛副伤寒氢氧化铝菌苗进行预防接种。

十八、结核病

结核病是人兽共患的慢性传染病。特征是病程缓慢，渐进性消瘦、咳嗽、衰竭，并在多种组织器官形成结核结节，继而结节中心干酪样坏死或钙化。

1. 流行特点

几乎所有的畜禽都可以发生结核病，其中以奶牛的易感性最高。开放型的病畜是主要的传染源。结核杆菌随鼻液、痰液、粪便和乳汁等排出体外，污染饲料、饮水、空气等周围环境。成年牛多因与病牛、病人直接接触而感染，犊牛多因喝了病牛奶而感染。

2. 临床症状

潜伏期长短不一，短者十几天，长者数月甚至数年。根据侵害部位的不同，本病分为以下几种类型：

（1）肺结核。以长期顽固的干咳为特点，且以清晨最明显。食欲正常，容易疲劳，逐渐消瘦。病情严重者，可见气喘，呼吸困难，有的病牛体表淋巴结肿大。

（2）乳房结核。一般先是乳房上淋巴结肿大，继而后两乳区患病，以发生局限性的或弥漫性的硬结为特点，硬结无热无痛，表面高低不平。泌乳量降低，乳汁变稀，严重时乳腺萎缩，两侧乳房变得不对称，泌乳停止。

（3）肠结核。多见于犊牛，以消瘦和持续性下痢，或便秘下痢交替出现为特点。粪便带血或带脓汁，味腥臭。

此外，结核杆菌还可侵害其他器官，发生睾丸结核、子宫结核、淋巴结结核、浆膜结核和脑结核等。

3. 鉴别诊断

牛肺结核与慢性牛肺疫都有短咳和消瘦等症状，两病容易混淆，但慢性牛肺疫对结核菌素试验呈阴性反应，肺脏断面无结核结节，而呈大理石样病变。

牛肠结核与牛副结核、慢性牛黏膜病，牛淋巴结核与地方流行性牛白血病症状相似，也应注意鉴别。

4. 防治措施

牛结核病流行面广，无菌苗可供接种，防治本病主要依靠检疫隔离和卫生消毒。对从未发生过结核的健康牛群，每年春秋用结核菌素各检疫一次。补充牛时，应就地严格检疫。发现病牛，立即对全牛群进行检疫。扑杀有明显症状的开放性病牛，内脏销毁或深埋。对结核菌素呈阳性反应的牛，以淘汰为宜。要加强消毒，每年进行2～4次全面大消毒，饲养用具每月消毒一次。结核病人不得饲养、管理牛群。

十九、牛布氏杆菌病

牛布氏杆菌病是人兽共患的慢性传染病。主要侵害生殖系统，以母牛发生流产、不孕和胎膜发炎，公牛发生睾丸炎和不育为特征，故又称传染性流产。本病分布较广，严重损害人畜的健康。

1. 流行特点

牛对本病有易感性，病牛是主要传染源，病菌随病母牛的阴道分泌物、乳汁和病公牛的精液排出，特别是流产的胎牛、胎盘和羊水内含有大量的病菌，易感牛采食了污染的饲料、饮水，接触了污染的用具，或者与病牛交配，就可得布氏杆菌病。在新发病牛群，流产可发生于不同的胎次；在常发病牛群，流产多发生于初次妊娠牛。

2. 临床症状

潜伏期2周到6个月，病牛多为隐性感染。妊娠母牛的主要表现是流产，流产多发生于妊娠5～8个月，流产后多数伴发胎衣不下或子宫内膜炎，流产胎儿可能是死胎、弱犊。有的病愈后长期排菌，可成为再次流产的原因。有的经久不愈，屡配不孕，终被淘汰。

公牛可发生睾丸炎和附睾炎，并失去配种能力。有的病牛发生关节炎、滑液囊炎、淋巴结炎或脓肿。

3. 鉴别诊断

暴力因素、营养不良和中毒也可造成流产，根据病史和病变可以区别开。毛滴虫和弯杆菌病引起的流产，需经实验室检查鉴别。

4. 治疗

目前还没有特效药物对该病进行治疗，主要在于预防。

5. 预防

要做到保护健康牛群，提高抵抗力，在有该病的牛场采取坚决的灭菌措施。每年要对所有的牛至少进行一次检查，如果有阳性的，就一定要处理掉。如果一定要引进其他地方的牛，就必须严格做好检查工作。要将牛单独养两个月，同时进行布氏杆菌病的检查，一个月一次，经两次检查健康的牛才可以混到牛群中一起饲养。预防该病的最好办法就是使用疫苗，如S2（猪型2号疫苗）、M5（羊型5号疫苗）、S_{19}疫苗，在我国都是很有效果的，但泌乳牛禁止使用疫苗免疫。此外，要做好消毒工作，切断传播途径。该病容易传染给人，所以饲养者、兽医专业人员和屠宰人员都应注意防护。

二十、李氏杆菌病

李氏杆菌病是一种人兽共患的散发性传染病。患此病的成年牛常表现运动失调、肌肉震颤等脑膜炎症状，犊牛表现败血症和局限性肝坏死，妊娠母牛发生流产。

1. 流行特点

各种家畜、家禽都可发病。牛的发病率低，但是死亡率却很高。病畜和带菌动物排出病菌，污染周围环境。此外，该菌还可在青贮饲料中增殖，当牛采食了这种含有大量病菌的青贮饲料时即可感染发病，也可通过呼吸道、眼结膜和破损的皮肤感染。本病主要发生于寒冷季节。

2. 临床症状

潜伏期为2～3周，有的可能只有几天，也有的可以长达两个月。病牛体温会升高1～2℃，不久降至常温。成年牛主要表现为神经症状，头颈因一侧性麻痹而偏向一侧，并沿该方向做圆圈运动，遇到障碍以头抵撞；有时吞咽肌麻痹而大量流涎；最后卧地不起，强行翻身又迅速翻转过来。妊娠母牛常流产。犊牛常伴发败血症，血液单核细胞明显增多。

3. 防治措施

早期大剂量地应用抗生素，青霉素按44 000单位/千克体重，链霉素按15毫克/千克体重或磺胺嘧啶钠50～100毫升，肌内注射，每日2次。或盐酸土霉素按10～20毫克/千克体重，静脉或皮下注射，每日2次。但病牛出现神经症状时，则难以奏效。平时注意杀虫灭鼠，不喂变质青贮饲料。发现病牛或其他发病畜应立即隔离、消毒。

二十一、牛副结核

副结核病又名副结核性肠炎，是主要发生于牛的一种慢性传染病。其特征是肠壁增厚形成皱褶，顽固性腹泻，逐渐消瘦。

1. 流行特点

牛（特别是奶牛）最为易感。本病主要经消化道传染，犊牛和青年牛较易感染，到成年时才出现症状，呈地方流行性。患病后，病的发展非常缓慢，发病率不高，病死率极高。

2. 临床症状

潜伏期数月至2年以上。病牛初期间断性腹泻，以后逐渐变为顽固性腹泻，粪便稀薄，常呈喷射状，恶臭，带有气泡。病牛逐渐消瘦，后躯尖削，贫血，胸垂、腹下和乳房水肿。直肠检查时，可触摸到肥厚的小肠管。一般经过3～4个月衰竭死亡，体温常无变化。

3. 鉴别诊断

①与牛肠结核。该病对牛型结核菌素试验呈阳性反应，小肠壁不增厚，却有结核结节。

②与慢性型黏膜病。该病除持续性或间歇性腹泻之外，口腔黏膜反复发生坏死和溃疡。

4. 防治措施

本病尚无特效的治疗药物。平时着重严格检疫，防止引进病牛或带菌牛。对有临床症状或细菌学检查呈阳性的牛应及时扑杀处理。应加强环境、牛舍和用具的消毒，切断传播途径，粪便应堆积高温发酵后用作肥料。

二十二、牛弯杆菌性流产

牛弯杆菌性流产是牛的一种生殖道传染病，以子宫内膜炎、输卵管炎、流产和不育为特征。

1. 流行特点

成年母牛容易感染本病。胎牛弯杆菌存在于病牛和带菌牛的生殖道、流产胎盘和胎牛组织中，因此，自然交配或以污染的精液人工授精即可传播。也可通过采食肠道弯杆菌污染的饲料、饮水等感染。

2. 临床症状

主要是暂时性不孕、流产和发情不规则。许多牛需要交配或授精几次才能受孕。流产多见于妊娠后5～7个月，流产前无特殊征候，流产后胎衣往往滞留，流产率5%～10%。公牛感染后一般无明显症状，精液也正常，但是带菌。

3. 鉴别诊断

本病在临床上与牛胎毛滴虫病相似，但毛滴虫引起的流产仅发生在妊娠后第5个月之前，并发生子宫积脓，阴道分泌物中含有毛滴虫。此外，还应注意与布氏杆菌、钩端螺旋体、黏膜病病毒等引起的流产相区别。

4. 防治措施

牛群暴发本病时，所有牛暂停配种3个月。流产母牛可按子宫炎进行常规处理，向子宫内投入链霉素和土霉素等，连续投5天。淘汰带菌公牛、实行人工授精或选用健康公牛配种是控制本病的关键措施。

二十三、牛冬痢

牛冬痢又称牛黑痢，是牛的一种季节性和暴发性强的急性肠道传染病。临床以排棕色稀便和出血性下痢为特征。

1. 流行特点

本病具有高度接触传染性，大小牛均可发病，但成年牛的病情较重。病牛和带菌牛随粪便排菌，牛采食了病菌污染的饲料、饮水即可感染发病。气候恶劣和管理不良可诱发本病。本病的发生有明显的季节性，主要发生在冬季，发病率很高，但几乎无死亡。

2. 临床症状

潜伏期3～7天，呈暴发性，发病急，传播快，发病率高。病牛排出腥臭的水样棕色稀便，混有血液，有的粪便几乎全是血液和血凝块。排粪呈喷射状，拉血的牛占20%左右。病情严重时，精神委顿，虚弱无力，呈现脱水症状，产奶量急剧下降。

3. 鉴别诊断

应注意与大肠杆菌、沙门氏菌、病毒和球虫引起的腹泻相区别，鉴别要点参照犊牛大肠杆菌病。

4. 治疗

迄今为止尚无特异疗法。为消除肠道炎症，可用痢特灵2克和磺胺脒、碳酸氢钠各50克，一次服用。松节油和克辽林等量混合剂，每次25～50毫升，1天2次，一般口服2次即可痊愈。对病情严重者，应及时补液。

5. 预防

采取综合性防疫措施。加强防疫消毒制度，做好防寒保温工作。避免牛摄食被病菌污染的饲料和饮水。对病牛隔离治疗，及时清除粪便、垫草和垫料。

二十四、牛传染性角膜结膜炎

牛传染性角膜结膜炎又叫红眼病，是牛的一种急性接触性传染病。其特征为眼结膜和角膜发生明显的炎症，伴有大量流泪，随后发生角膜混浊或溃疡。

流行特点　各种年龄的牛都可感染，但犊牛比成年牛更易感染。流行季节以天气炎热、湿度较大的夏秋季节为多。一般是在引进病牛或带菌牛后，通过头部相互摩擦而传播，蝇类和飞蛾可传播本病。一旦发生，传播迅速，多呈地方性流行，青年牛群发病率可高达60%～90%。

1. 临床症状

潜伏期3～7天。常呈一侧性，也有部分为两侧性。初期病牛怕光，流泪，以后转为黏液脓性分泌物。眼睑红、肿、痛，眼不能张开。不少病例2～3天后角膜混浊，或在角膜上形成白色或灰色小点。严重时角膜增厚，并形成溃疡。病牛一般没有全身症状，间有体温稍高和精神委靡。部分病牛引起角膜翳、白斑。病程为15～20天，多数病牛可自然康复，但往往失明。

2. 鉴别诊断

本病眼的临床变化及传染迅速，一般就可以作为诊断依据。此外，传染性鼻气管炎和恶性卡他热的病程中，也可出现与本病相似的眼部症状，但它们都有本身特有的其他症状，应注意区分。

3. 防治措施

病牛立即隔离，早期治疗。可先用2%～4%硼酸水洗眼，再涂以金霉素眼

膏，每日2～3次。还可用2%可的松软膏涂病眼。如果病牛的角膜有混浊现象，可涂1%～2%黄降汞软膏。同时应进行杀虫、灭蝇，以控制本病的传播。

二十五、牛放线菌病

牛放线菌病又叫大颌病，是一种慢性、化脓性、肉芽肿性传染病。特征是在头、颈、下颌和舌上发生肿大。

1. 流行特点

本病主要侵害2～5岁的小牛，尤其在换牙的时候。本病的病原体寄生于口腔、上呼吸道中，也存在于污染的土壤、饲料和饮水中。当换牙或采食粗糙带刺的饲料时，常使口腔黏膜破损而感染。

2. 临床症状

本病经常侵害颌骨以及唇、舌、咽、齿龈、头颈部的皮肤和皮下组织。病菌侵害之处，都发生硬固的、界限明显的、无热无痛或硬结的放线菌肿。侵害软组织时，多见于颌下、头、颈等部位；侵害舌肌时，舌组织肿胀变硬，触压如木板，故又称木舌病。放线菌肿逐渐增大，影响呼吸、咀嚼和吞咽，还可穿透皮肤排脓，形成瘘管，经久不愈。乳房患病时，呈弥散性肿大或有局灶性硬结，影响泌乳。

3. 治疗

骨放线菌病由于骨质改变，既不能截除，又不能自然吸收，往往转归不良。软组织放线菌病经过较长时间的治疗，可治愈。硬结较大时，可用外科手术切除，创口内撒布等量混合的碘仿和磺胺粉，然后缝合，创口周围注射10%碘仿醚或2%鲁戈氏液。同时口服碘化钾，成年牛每天5～10克，犊牛每天2～4克，连用2～4周。重症者，可静脉注射10%碘化钠，每天50～100毫升，隔日1次，共3～5次。硬结小者可直接在硬结周围注射青霉素和链霉素，同时应用碘化钾进行全身治疗，效果显著。

4. 预防

最好于饲喂前将干草等尖锐饲料浸软，避免刺伤口黏膜。防止皮肤、黏膜发生外伤，有伤口时及时处理。

二十六、钩端螺旋体病

钩端螺旋体病是一种重要的人畜共患病。牛感染后，一般不显症状而呈隐性感染，只少数牛发病。临床特征为短期发热、黄疸、尿血、出血、流产、消化障碍以及皮肤和黏膜坏死。长江以南地区多发。

1. 流行特点

各种家畜和野生哺乳动物均可感染，但以犊牛发病率较高。病畜和带菌动物随尿排出病原体，污染周围的水源和土壤，经过损伤的皮肤、黏膜及消化道而传播给其他动物。鼠类分布广，繁殖快，带菌率高，排菌时间长（甚至终生），而在本病的传播上具有重要作用。本病多发于7～10月，当饲喂不合理、管理混乱或其他疾病使牛抵抗力下降时，常引发本病的暴发和流行。

2. 临床症状

潜伏期3～7天，本病可分为急性型和亚急性型。

①急性型。多见于犊牛，突然高热，黏膜发黄，尿色很暗，常见皮肤干裂、坏死和溃疡，常于发病后3～7天内死亡。

②亚急性型。常见于奶牛，体温有不同程度升高，精神沉郁，饮食和反刍停止，黄疸。奶牛乳房松软，产奶量显著下降或停乳。乳汁初黄后红，常混有小血块。流产是本病的重要症状之一，胎牛流产发生在怀孕后的3个月以上。

3. 鉴别诊断

①与牛梨形虫病。该病血液化验可在红细胞内见到梨形的虫体，抗生素治疗无效。

②与牛伊氏锥虫病。取血液涂片检查，可发现柳叶状的虫体，抗生素治疗无效。

③与牛无浆体病。为蜱媒传染病，在红细胞内可发现球形或卵圆形的无浆体。

④与产后血红蛋白尿。为内科病，见于高产奶牛产犊后，无血乳。

4. 治疗

链霉素和土霉素等均有效。链霉素每千克体重25～30毫克，肌内注射，每天2次，或土霉素15～30毫克/千克体重，肌内注射，每天1次，均连用3～5天。对可疑感染的牛，可在饲料中混入土霉素（每千克饲料加0.75～1.5克），连喂7天。

5. 预防

主要是消灭鼠类并破坏它们的繁殖条件，杜绝传染源；被病牛粪尿污染的场地和水源，应用漂白粉或2%氢氧化钠溶液消毒。在本病常发地区，可应用含有

当地流行菌型的钩端螺旋体多价灭活菌苗预防接种，肌内注射2次，间隔1周，用量10~15毫升，免疫期约1年。

第二节　内科病

一、口炎

口炎是指口腔发生炎症，主要是口腔的黏膜、齿龈和舌部发生的炎症。临床上以流涎及采食、咀嚼障碍为特征。

1. 发病原因

①采食了粗硬的草料或料中有坚硬的杂物。

②牛的牙齿磨灭不整。

③误食了有刺激性的物质。

④人为灌药时造成口腔损伤。

2. 临床诊断

病牛采食小心或拒绝采食，咀嚼和反刍弛缓，有时会出现刚采食的草料从嘴中吐出，大量流涎。口腔黏膜潮红充血，肿胀，口温升高，较严重者会出现黏膜表层脱落或溃疡，舌面有舌苔，口臭。损伤严重时能发现创伤、水疱、烂斑、溃疡等病变。

3. 治疗

治疗原则是除去病因，加强护理，进行口腔消炎。

①口炎时，用0.1%高锰酸钾溶液、2%硼酸溶液或1%食盐溶液冲洗。

②不断流涎时，用1%明矾或1%鞣酸溶液冲洗口腔。

③口腔黏膜或舌面发生烂斑或溃疡时，漱口后还可用碘甘油（5%碘酊1份、甘油9份）或2%硼酸甘油、1%磺胺甘油涂于患部，并肌内注射维生素B_2和维生素C。

④严重口炎时，除进行口腔的局部处理外，还应全身使用抗菌类药物如磺胺类药物或喹诺酮类药物等，以防止继发感染。

4. 预防

注意饲料卫生，防止坚硬的异物混入，避免有刺激性的药物直接口服，应用胃导管灌服，正确使用开口器，定期检查口腔，及时修整病齿。

二、食管梗塞

食管梗塞俗称“草噎”，是食管被食物或异物阻塞的一种严重食管疾病。

1. 发病原因

主要是饿后贪食，采食过急，没有咀嚼而吞下大块食物，如萝卜、马铃薯、甜菜、玉米棒等块状饲料，或继发于食管狭窄、麻痹、痉挛等。

2. 临床诊断

病牛突然停止采食，骚动不安，摇头缩颈，屡做吞咽动作。大量流涎，空嚼咳嗽，采食的食物和水从鼻腔逆出。颈部食管梗塞，视诊可见膨大部，触诊可摸到梗塞物。胸部食管梗塞，在梗塞物上方食管内积满唾液，触诊颈部食管能感到波动并引起哽噎运动。食管探诊时，胃管插至梗塞部即不能继续插入。瘤胃臌胀及流涎是其特征性症状。

3. 治疗

治疗原则是解除梗塞，疏通食管，消除炎症，加强护理和预防并发症的发生。咽后食管起始部梗塞时，在装上开口器后，可徒手取出梗塞物。颈部与胸部食管梗塞时，应根据梗塞物的性状及其梗塞的程度，采取相应的治疗措施。

为缓解疼痛及痉挛，可用5%水合氯醛乙醇注射液200～300毫升，静脉注射；或静松灵3毫升，肌内注射。

常用排除食管梗塞物的方法有挤压法、下送法、打气法等。

①挤压法。采食胡萝卜等块根、块茎饲料而梗塞于颈部食管时，将病牛横卧“保定”，用平板或砖垫在食管梗塞部位；然后以手掌抵于梗塞物下端，朝咽部方向挤压，将梗塞物挤压到口腔，即可排除。若为谷物与糠麸引起的颈部食管梗塞，将病牛站立“保定”，用双手手指从左右两侧挤压梗塞物，将梗塞物压碎，促进梗塞物软化，使其自行咽下。

②下送法。又称疏导法，即将胃管插入食管内抵住梗塞物，缓慢把梗塞物推入胃中。主要用于胸部食管梗塞和腹部食管梗塞。

③打气法。应用下送法经1～2小时后不见效时，可先插入胃管，装上胶皮球，吸出食管内的唾液和食糜，灌入少量植物油或温水。将病牛“保定”好后，把打气管接在胃管上，颈部勒上绳子以防气体回流，然后适量打气，并趁势推动

胃管，将梗塞物推入胃内。但不能打气过多和推送过猛，以免食管破裂。

④打水法。当梗塞物是颗粒状或粉状饲料时，可插入胃管，用清水反复泵吸或虹吸，以便使梗塞物溶化、洗出，或者将梗塞物冲下。

⑤药物疗法。先向食管内灌入植物油或液体石蜡100～200毫升，然后皮下注射3%盐酸毛果芸香碱3毫升，促进食管肌肉收缩和分泌，经3～4小时奏效。

⑥手术疗法。当采取上述方法不见效时，应施行手术疗法。颈部食管梗塞，采用食管切开术。胸部食管梗塞时可施行瘤胃切开术，通过贲门将梗塞物排除。

排除梗塞物后要加强护理。暂停饲喂饲料和饮水，以免误咽而引起异物性肺炎。当继发瘤胃臌气时，应及时施行瘤胃穿刺放气，并向瘤胃内注入防腐消毒剂。病程较长者，应注意消炎、强心、输糖补液，维持机体营养，增进治疗效果。排除梗塞物后1～3天内，应使用抗菌药物防治食管炎，并给予流质饲料或柔软易消化的饲料。

4. 预防

饲喂要定时定量，勿使牛饥饿，防止其采食过急；合理调制饲料，如豆饼要泡软，块根类饲料要适当切碎等；在块根类农作物收获季节，使役的牛应戴上口网，以防偷吃。

三、前胃弛缓

前胃弛缓是指前胃机能发生紊乱，平滑肌兴奋性降低，收缩无力，引起消化障碍，食欲、反刍减退，乃至全身机能紊乱的一种综合征。

1. 发病原因

长期饲喂粗硬劣质、难以消化的饲料，饲喂缺乏刺激性的饲料，或精料过多，霉变饲料，或突然变换草料等，均可引起本病的发生。在创伤性网胃炎、瓣胃阻塞、皱胃变位、各种传染病及酮病等疾病的发病过程中，也常继发前胃弛缓。

2. 临床诊断

病牛精神沉郁，食欲减退或废绝，鼻镜干燥，反刍、嗳气减少或停止。瘤胃蠕动音减弱，蠕动次数减少，瘤胃内容物充满，有轻度或中度臌胀，粪便干燥，有时表现为下痢。

3. 治疗

治疗原则是治疗原发病，除去病因，加强瘤胃兴奋性，促进胃肠排空，防止脱水和自体中毒。

①用促反刍液500毫升，一次静脉注射，并肌内注射维生素$B_1$100～500毫克/次，每天一次，连用3天。

②用硫酸镁500克，松节油30～40毫升，酒精80～100毫升，温水4～5升，一次口服。

③用新斯的明4～20毫克/次，皮下注射，或比塞可灵0.05～0.08毫克/千克体重，孕牛禁用。

④病牛停止进食时，可静脉注射25%葡萄糖液500～1 000毫升，每天1～2次；继发胃肠炎时，可口服黄连素1～2克，每天3次；发生酸中毒时，可静脉注射5%碳酸氢钠液1 000～2 000毫升。

4. 预防

注意改善饲养管理，合理调配饲料，不喂霉败、冰冻等质量不良的饲料，防止突然变换饲料。注意牛的适当运动，合理使役。

四、瘤胃积食

瘤胃积食又称急性瘤胃扩张或瘤胃食滞，是反刍动物贪食大量难以消化或易膨胀的饲料引起瘤胃扩张，容积过度增大，造成瘤胃运动机能紊乱的疾病。临床特征是瘤胃体积增大且较坚硬。

1. 发病原因

主要是由于饲养不当，采食大量粗硬劣质难消化的饲料，如麦草、豆秸、玉米秸、花生蔓、甘薯藤等，或采食大量适口易膨胀的饲料等所致。

2. 临床诊断

病牛没有食欲，反刍停止。轻度腹痛，背腰拱起，后肢踢腹。左侧下腹部膨大，左肷窝部平坦。触诊瘤胃，病牛疼痛不安，瘤胃内容物黏硬或坚硬，用力按压后可形成压痕（呈面团状）。听诊瘤胃蠕动音减弱或消失。

3. 治疗

治疗原则是恢复前胃运动机能，促进瘤胃内容物的运转，消食化积、制止发酵，防止脱水和自体中毒。

①口服泻剂，可用硫酸镁或硫酸钠300～500克，液体石蜡或植物油500～1 000毫升，鱼石脂15～20克，95%酒精50～100毫升，常水6～10升，一次

内服。

②应用泻剂后，可皮下注射毛果芸香碱、新斯的明或促反刍液等，以兴奋胃神经，促进瘤胃内容物运转与排空。

③应用泻剂后应注意及时补液，可用5%葡萄糖生理盐水2 000～3 000毫升，5%碳酸氢钠液500～1 000毫升，20%安钠咖注射液10毫升，维生素C0.5～1克，静脉注射，每天2次。

④对重症而顽固的瘤胃积食，应用药物不见效果时，可进行瘤胃切开术，取出瘤胃内容物。

4. 预防

加强饲养管理，避免突然更换饲料或过食。

五、瘤胃臌胀

瘤胃臌胀又称瘤胃臌气，是牛采食了大量易发酵产气的饲料，引起瘤胃急剧膨胀，膈与胸腔脏器受到压迫，呼吸与血液循环障碍，并发生窒息现象的一种疾病。临床上以呼吸极度困难，反刍、嗳气障碍，腹围急剧增大等为主要特征。

1. 发病原因

主要发生于夏季放牧的牛。采食大量易发酵产气的牧草，如青苜蓿、紫云英、豌豆藤、三叶草等牧草或青草，或采食大量雨季潮湿的青草、霜冻的牧草及腐败发酵的青贮饲料等，均能引起本病。其次在食管梗塞、前胃弛缓、创伤性网胃炎等病经过中，也常继发瘤胃臌胀。

2. 临床诊断

急性瘤胃臌胀一般在采食后不久发病，瘤胃充满大量气体，腹围增大，左肷窝消失，并且高于背脊。触诊左肷窝紧张有弹性，叩诊呈鼓音。病牛腹痛不安，回头看腹，后肢踢腹。呼吸困难，张口伸舌，眼结膜发绀，心跳增速，严重者很快死亡。慢性瘤胃臌胀常是继发的，一般表现食欲废绝，反刍减少或停止，瘤胃内充满气体，腹围增大，左肷窝稍突出。病牛精神沉郁，呼吸困难，眼结膜发绀。

3. 治疗

治疗原则是及时排出气体，制止瘤胃“内容物”继续发酵，理气消胀，健胃消导，强心补液，适时急救。

①对症状严重的病例，要立即用套管针在左肷窝部进行瘤胃穿刺放气急救。放气时应缓慢进行，以免放气速度过快发生脑贫血而昏迷。放气后，可从套管内注入来苏儿15～20毫升或福尔马林10～15毫升，加水适量，以制止继续发酵产气。

②对症状较轻的病例，可把病牛牵到斜坡上，使病牛取前高后低姿势，同时将涂有松馏油或菜油的小木棒横衔于口中，用绳拴在嘴角上固定，使牛不断咀嚼，促进嗳气。

③对于泡沫性瘤胃臌胀，则灌服液体石蜡250～500毫升，或2%二甲基硅油溶液100～150毫升，或松节油60毫升。

④为了促进瘤胃蠕动，可肌内注射新斯的明10～20毫克或比塞可灵等，或静脉注射促反刍液500毫升。

4. 预防

加强饲养管理，防止贪食过多幼嫩多汁的豆科牧草，尤其由舍饲转为放牧时，应先喂些干草或粗饲料，适当限制在牧草幼嫩茂盛的牧地和霜露浸湿的牧地上的放牧时间。舍饲牛应避免饲喂用磨细的谷物制作的饲料。

六、创伤性网胃炎

创伤性网胃炎又称金属器具病或创伤性消化不良，是由于金属异物（如针、钉、碎铁丝）混杂在饲料里，被牛误食进入网胃，导致网胃和腹膜损伤及炎症的疾病。

1. 发病原因

饲养人员不具备饲养管理常识，饲料加工粗放，饲养粗心大意，对饲料中金属异物的检查和处理不细致，导致牛误食混入饲料中的金属异物，进入网胃后，刺伤、穿透网胃壁，从而发生网胃炎，甚至损伤其他脏器，从而引起炎症。

2. 临床诊断

病牛呈现顽固性的前胃弛缓症状。精神沉郁，食欲减退或废绝，反刍缓慢或停止，鼻镜干燥，磨牙呻吟。瘤胃蠕动减弱或消失，瘤胃“内容物”松软或黏硬。病程绵延，久治不愈。病牛的行动和姿势异常，站立时，肘外展，多取前高后低姿势；运步时，步样强拘，不愿上坡、跨沟或急转弯；卧地时，表现非常小心；起立时，多先起前肢（正常情况下是先起后肢）。网胃区触诊，疼痛不安，抗拒检查。体温升高，一般在39.5～41℃。

3. 治疗

治疗原则是及时摘除异物，抗菌消炎，加速创伤愈合。

（1）早期手术，摘除异物。根据牛的经济价值，可考虑实施瘤胃切开术，从瘤胃将网胃内的金属异物取出。但创伤性网胃炎经常伴发创伤性心包炎，由心包取出异物一般效果还不够理想。

（2）保守疗法。可让病牛安静休息，保持前高后低的姿势站立，同时大剂量应用抗生素（如青霉素和链霉素合用等）或磺胺类药物，以控制炎症的发展。也可用特制磁铁经口投入网胃中，吸取胃中金属异物，同时应用青霉素和链霉素进行肌内注射。

4. 预防

在牛槽上增设清除金属异物的电磁装置或磁铁棒，饲喂前先除去饲料、饲草中的异物；投服磁铁笼也是预防本病的手段。还可定期应用金属异物摘除器，吸除网胃内金属异物，以防止本病的发生。

七、瓣胃阻塞

瓣胃阻塞又称为瓣胃秘结，中兽医叫“百叶干”，是由于瓣胃的收缩力减弱，大量“内容物”在瓣胃内滞留，使瓣胃扩张、坚硬、疼痛，从而发生阻塞的一种疾病。

1. 发病原因

长期饲喂刺激性小或缺乏刺激性的饲料，如谷糠、麸皮等；长期过多地饲喂粗硬难消化的饲料，如豆秸、竹梢、甘薯藤、花生蔓等；采食混有大量沙土的饲料等，均可引起本病的发生。此外，皱胃疾病、瘤胃疾病、发热性疾病，饮水不足可继发本病。

2. 临床诊断

病初呈现前胃弛缓症状，食欲减退，反刍缓慢，鼻镜干燥，瘤胃蠕动音减弱。以后反刍停止，鼻镜干裂，瘤胃蠕动停止，有的伴发瘤胃臌胀，粪便少而干，呈算盘珠状。瓣胃触诊，病牛疼痛不安，抗拒触压。后期机体脱水，出现衰竭症状，卧地不起。如果出现扩张，则在右侧最后肋骨后缘可触到大圆球状的瓣胃。

3. 治疗

治疗原则是增强前胃运动机能，软化瓣胃“内容物”，促进瓣胃内容物的排除。

①病情轻者，可口服泻剂和促进前胃蠕动的药物。如硫酸镁或硫酸钠500～800克，常水5～8升，或液状石蜡（或植物油）1～2升，一次口服。用10%氯化钠液300～500毫升，10%氯化钙液100～200毫升，20%安钠咖液10～20毫升，一次静脉注射。同时可皮下注射毛果芸香碱0.02～0.05克或新斯的明0.01～0.02克等药物。

②重症者，可进行瓣胃注射。用10%硫酸钠溶液2 000～3 000毫升，液体石蜡（或甘油）300～500毫升，盐酸普鲁卡因2克，盐酸土霉素3～5克，一次瓣胃内注入。注射部位在右侧第9肋间与肩关节水平线相交点，略向下方刺入10～20厘米，为了判断针头是否刺入瓣胃内，可先注入少量注射用水，如能抽出少量混有草料碎渣的液体，表示针头已进入瓣胃内，方可注射药物。

③防止脱水和自体中毒，可应用撒乌安注射液100～200毫升，或樟脑酒精注射液200～300毫升，静脉注射，同时尚须注意及时输糖补液，缓和病情。

④对于严重的病例，依据临床实践，在确诊后实施瘤胃切开术，用胃管插入网—瓣孔，冲洗瓣胃，效果较好。

4. 预防

正确饲养，减少粗硬饲料，增加青饲料和多汁饲料，防止长期单纯饲喂麸皮、谷糠类饲料，保证饮水，适当运动。发生前胃弛缓时，应及早治疗，以防止发生本病。

八、皱胃变位

皱胃的自然位置发生了改变，称为皱胃变位。该病是奶牛常见的一种皱胃疾病，按其变位的方向分为左方变位和右方变位两种。在临床上，绝大多数病例是左方变位。皱胃变位发病高峰在分娩后6周内，也有少数发生于泌乳期和怀孕期，成年高产奶牛的发病率高于低产牛。

1. 发病原因

皱胃变位的确切病因目前仍不清楚。

2. 临床诊断

①左方变位。皱胃通过瘤胃下方移到左侧腹腔，置于瘤胃与左腹壁之间。病初呈现前胃弛缓症状，食欲减退，厌食精料，反刍减少或停止，瘤胃蠕动音减弱或消失，有的呈现腹痛和瘤胃臌胀，排粪迟滞或腹泻。

随着病程的进展，病牛腹围缩小，两侧肷窝部塌陷，左侧肋部后下方、左肷窝的前下方显现局限性凸起。听诊左侧腹壁，在第9～12肋骨弓下缘、肩—膝水平线上下可听到皱胃音，似流水音或滴答音（玎玲音）。用听—叩诊结合方法，即用手指叩击，同时在附近的腹壁上听诊，可听到类似铁锤叩击钢管发出的共鸣音——钢管音。钢管音区域一般出现于左侧肋弓的前后。

②右方变位。右方变位又叫皱胃扭转，是皱胃从正常位置以顺时针方向扭转到瓣胃的后上方，而置于肝脏与右腹壁之间。急性病例会突然发生腹痛，后肢踢腹，瘤胃蠕动音消失，粪便色暗，乃至黑色，糊状，混有血液。

从尾侧视诊可见右腹膨大，或右肋弓突起，进行听—叩诊结合检查，可听到较大范围的钢管音区域，向前可达第8肋间，向后可延伸至第12肋间或右肷窝。严重病例常伴发脱水、休克和碱中毒而引起死亡。

3. 治疗

皱胃变位有以下几种治疗方法：

①药物疗法。药物疗法有两种。方法一为口服风油精10克（或薄荷油），每天1次，连用2～3天，配合应用大黄苏打片、酵母片、复合维生素B口服液等。方法二为静脉注射促反刍液：10%氯化钠溶液500～800毫升，5%氯化钙溶液150～200毫升，10%安钠咖30～50毫升，需要时配合补糖、补液等。或肌内注射新斯的明15～20毫克，每天1次，连用2～3天。若有并发症要同时进行治疗。

②滚转疗法。饥饿数日并限制饮水，病牛右侧横卧，再转成仰卧；以背轴为轴心，先向左滚转45度，回到正中，然后向右滚转45度，再回到正中，如此左右摇晃3～5分钟；突然停止在右侧横卧姿势，转成俯卧，最后站立。如尚未复位，可重复进行，本法不适于皱胃右方变位。

③手术整复法。这是根治皱胃左方变位和右方变位的最有效方法。一旦确诊，应尽快手术。

4. 预防

应合理配合日粮，对高产奶牛在增加精料的同时要保证有足够的粗饲料；妊娠后期应少喂精料，多喂优质干草，适量运动；产后要避免出现低血钙。对围产期疾病应及时治疗，减少或避免并发症的发生。

八、皱胃阻塞

皱胃阻塞又称皱（真）胃积食，主要是由于迷走神经调节机能紊乱或受损，导致皱胃弛缓，“内容物”滞留，胃壁扩张而形成阻塞的一种疾病。本病常见于黄牛和水牛，奶牛和肉牛也时有发生。

1. 发病原因

主要是由于饲料与饲养或管理不当而引起的。特别是在冬、春季节缺乏青绿饲料，用谷草、麦秸、玉米秆、稻草等经铡碎喂牛；在夏、秋季节饲喂麦糠、豆秸、甘薯藤、花生蔓等秸秆，同时添加磨碎的谷物精料，饮水不足、精神紧张和应激，常发生本病。此外由于病牛吞食异物，如吞食塑料薄膜、塑料袋、棉线团或啃舔被毛，犊牛误食破布、木屑以及啃舔被毛在胃内形成毛球等，导致皱胃异物阻塞。本病还继发于前胃弛缓、创伤性网胃炎和皱胃炎等疾病。

2. 临床诊断

病初食欲、反刍减少，瘤胃蠕动音弱，尿量少，粪便干燥。随病情发展，食欲废绝，反刍停止，鼻镜干燥或干裂，腹围增大，瘤胃蠕动音消失，排出少量糊状、棕褐色，或呈煤焦油状、有恶臭味、混有少量黏液或紫黑色血丝和血凝块的粪便。重症病例，右侧中腹部至肋弓后下方呈局限性膨隆，在肋骨弓后下方的皱胃区做冲击式触诊，可感知坚硬或坚实的皱胃，类似大西瓜样的轮廓，病牛有躲闪、蹴踢等疼痛反应。病后期，精神极度沉郁，常左侧位卧地，不断呻吟，发出吭声，眼球凹陷，呈现严重脱水和自体中毒症状，多在几周后死亡。

3. 治疗

治疗原则是消积化滞，防腐止酵，促进皱胃“内容物”排除，防止脱水和自体中毒，增进治疗效果。

（1）病初，可用硫酸钠300～400克、液体石蜡（或植物油）500～1 000毫升、鱼石脂20克、酒精50毫升、常水6～10升，一次内服。皱胃注射25%硫酸钠溶液500～1 000毫升，液体石蜡500～1 000毫升，乳酸8～15毫升或皱胃注射生理盐水1 500～2 000毫升。注射部位为右腹部皱胃区第12～13肋骨后下缘。

（2）在病程中，可应用10%氯化钠200～300毫升，20%安钠咖10毫升，静脉注射。当发生自体中毒时，可用撒乌安注射液100～200毫升，静脉注射。发生脱水时，应用5%葡萄糖生理盐水2 000～4 000毫升，20%安钠咖注射液10毫升，40%乌洛托品注射液30～40毫升，静脉注射。此外可适当地应用抗生素或磺胺类药物，防止继发感染。

（3）由于皱胃阻塞多继发瓣胃秘结，药物治疗效果不好。因此，在确诊

后，要及时施行瘤胃切开术，取出瘤胃“内容物”，然后用胃管插入网—瓣孔，通过胃管灌注温生理盐水，冲洗皱胃，达到疏通的目的。对大体型奶牛应做皱胃切开术。

4. 预防

加强日常的饲养管理，按合理的日粮饲喂，特别是应注意粗饲料和精饲料的调配，饲草不能铡得过短，精料不能粉碎过细，麦糠、豆饼也不能搭配过多，以免影响消化机能。注意清除饲料中异物，防止发生创伤性网胃炎，避免损伤迷走神经。给牛充足的饮水。

八、胃肠炎

胃肠炎是胃肠壁表层和深层组织的重剧性炎症。临床上以消化扰乱、口臭、腹痛、腹泻、发热和毒血症等为特征。胃肠炎是牛的常见多发病。

1. 发病原因

主要因饲喂霉败饲料或饮用不洁的饮用水，采食了有毒植物或者有强烈刺激性或腐蚀性的化学物质，滥用抗生素造成肠道的菌群失调引起二重感染，或草料骤变、过劳、卫生条件差，气候骤变，动物机体处于应激状态等。其次继发于牛瘟、恶性卡他热、炭疽及副结核等传染病。

2. 临床诊断

病牛主要症状是腹泻，粪便稀薄或呈水样，并有腥臭味，有时混有黏液、血液及脱落的坏死组织碎片等。体温升高，心跳、呼吸加快，精神沉郁，食欲减退。瘤胃蠕动音减弱或消失，肠音初期增强，以后减弱或消失。在腹泻18～24小时后，可见明显的脱水特征，皮肤弹性降低，眼球塌陷，眼窝深凹，自体中毒，甚至衰竭死亡。

3. 治疗

治疗原则是抑菌消炎，视情况进行缓泻与止泻，预防脱水，维护心脏功能，解除中毒，增强机体抵抗力。

（1）抑菌消炎。内服诺氟沙星（10毫克/千克体重），肌内注射庆大霉素（1 500万～3 000万单位/千克体重），还可灌服0.1%高锰酸钾溶液2 000～3 000毫升。

（2）缓泻与止泻。两种措施是相反相成的，必须切实掌握好用药时机。在病牛排恶臭稀便，但排粪不通畅时，应缓泻。可用液体石蜡（或植物油）500～1 000毫升，鱼石脂10～30克，95%酒精50毫升，内服。当病牛粪稀如水，频泻不止，腥臭气不大时，应止泻。可用木炭末100～200克，常水1 000～2 000毫升，1次口服；或用鞣酸蛋白20克，次硝酸铋10克，碳酸氢钠40克，淀粉浆1 000毫升，1次口服。

（3）补液、解毒和强心是抢救危重胃肠炎的三项关键措施。补充液体，可用复方氯化钠液或5%糖盐水3 000～4 000毫升，静脉注射，每天2次。解除酸中毒，可静脉注射5%碳酸氢钠液500～1 000毫升。强心，可注射20%安钠咖10～20毫升。

4. 预防

加强饲养管理，不用霉败饲料喂牛，不让牛采食有毒物质和有刺激性、腐蚀性的化学物质，防止各种应激因素的刺激，做好牛的定期预防接种和驱虫工作。

十一、肠便秘

肠便秘是由于肠蠕动弛缓，肠“内容物”或粪便积滞所造成的一种机械性肠阻塞。

1. 发病原因

饲喂大量粗纤维饲料如麦秸、玉米秸、豆秸、甘薯藤、花生蔓等，特别是当其受潮、发霉而变得柔韧，导致切铡不够碎时，牛不易嚼细，难以消化，更易发病。此外，突然改变日粮、食盐不足、气候突变、饮水缺乏、运动不足等，也可诱发本病。

2. 临床诊断

病牛初期表现为轻微腹痛，持续性较强。站立不安，两后肢交替踏地，或后肢踢腹，拱腰努责，翘尾，呈排粪姿势，回头看腹部。腹痛加剧时，卧地不起。随着病程延长，腹痛逐渐消失，病牛精神沉郁，食欲减退或不食，反刍减少，口干舌燥，鼻镜干燥，肠音减弱，无粪便排出。直肠检查可见直肠内无粪便，只有一些胶冻样黏液。后期出现脱水，眼窝凹陷，卧地不起，因脱水、心力衰竭和自体中毒而死亡。

3. 治疗

（1）灌服石蜡油（或植物油）1 000毫升；或硫酸镁（或硫酸钠）500～800克，加温水5升，一次内服。

（2）皮下注射毛果芸香碱50～100毫克，或新斯的明30～60毫克。

（3）病牛脱水时，可用复方氯化钠液2 000毫升，5%糖盐水2 000毫升，加入1%氯化钾溶液100～200毫升，静脉注射，每天1～2次。

当病情严重而药物治疗无效时，应抓紧时间进行手术。

4. 预防

加强饲养管理，注意粗精饲料搭配。饲料要多样化，应有充足的青绿多汁饲料及饮用水。适当运动，防止过劳，定期驱虫。

十二、吸入性肺炎

吸入性肺炎又称异物性肺炎，是由于饲料、奶、药物、呕吐物等异物误入气管、肺组织，并引起气管和肺组织的炎性病理变化；伴随异物进入的腐败性微生物的作用，促进了炎症的进一步发展，导致肺组织的腐败、分解和坏死，故又称坏疽性肺炎。临床上的主要特征有发病急，呼吸极度困难，鼻孔中流出脓性、腐败性恶臭鼻汁。

1. 发病原因

原发性多为医源性的，这常见于兽医人员使用胃管、喂食器或投药器粗暴、不熟练，将药物灌入气管内所致。犊牛吸入性肺炎多见于难产时分娩产出时间延长，胎儿吸入羊水；犊牛开始吸吮时，将奶或代乳品吸入气管内。此外，患白肌病的犊牛会因舌、咀嚼肌以及与吞咽有关的肌肉功能受到影响而引发此病。

2. 临床诊断

异物直接由气管入肺者，发病快，立即出现惊恐不安，咳嗽，呼吸困难现象；严重者则很快窒息。其他原因引起吸入性肺炎时，疾病的发展较为缓慢。病牛咳嗽、气喘，体温升高达40℃以上，并从两侧鼻孔流出多量的带有异物颜色和气味的鼻汁，随着咳嗽和低头而明显。呼出气体也有异物味和臭味，以后由于肺组织的腐败分解，鼻汁则变得污秽、气味恶臭。

肺部听诊，初期多在前下部可听到湿啰音，以后可以听到干啰音。肺部叩诊，初期在前下部叩诊音低沉，呈浊音、半浊音；当肺空洞形成时，叩诊呈鼓音、破壶音。

3. 治疗

治疗原则是迅速排除肺内异物，抗菌消炎，制止肺组织的腐败分解。

（1）让病牛站在前低后高的位置，并将头放低，卧地不起者垫高后躯以便于异物的排出；同时，反复注射兴奋呼吸中枢的药物及皮下注射2%毛果芸香碱5～10毫升，加速异物的排出。

（2）用大剂量的抗生素、磺胺类药物以消炎杀菌，制止肺组织的腐败分解。

（3）静脉注射樟酒糖（0.4%樟脑、6%葡萄糖、30%酒精、0.9%氯化钠）200～250毫升，对预防自体中毒和败血症有一定作用。

4. 预防

本病的治疗总体上效果并不理想，因此，还应注意预防，以减少或杜绝本病的发生。应加强责任心，严格执行兽医技术操作规程，防止异物吸入肺内。对确诊为患咽、食道麻痹、乳热症和呼吸困难的病牛，严禁经口灌药，并加强对原发病的治疗。

十三、肺炎

肺炎是肺组织炎症的总称。临床上可分为支气管肺炎、细支气管和肺泡的炎症。炎性渗出物为卡他性，病变多局限于个别或几个肺小叶，称为小叶性肺炎，临床上以体温升高、听诊有捻发音及叩诊有散在的浊音区为特征；炎性渗出物为纤维蛋白，在整个肺叶，甚至一侧肺和两侧肺的大部分发生急性炎症过程，称为大叶性肺炎，临床上以稽留热型、肺部叩诊有大面积浊音区为特征。

1. 发病原因

原发性肺炎直接由病毒、细菌、真菌、寄生虫及不良的物理性和化学性因子所致。继发性肺炎可继发于某些疾病，如子宫炎、乳房炎的病原菌可通过血源途径进入肺脏而致病。此外，饲养不当，营养缺乏特别是维生素A缺乏，体质衰弱，圈舍环境不良，通风不良，灰尘、氨气集聚，机体受寒，这些均可降低牛的抵抗力，促使肺炎的发生和发展。

2. 临床诊断

病初鼻液多为透明浆液，量多，然后量变少，呈黏性、脓性，最后有再次变为多量浆液性的鼻液。咳嗽在病初为干咳，痛苦，后变为湿咳。呼吸加快，可达40～90次/分，有的可见张口呼吸。体温高达40～41℃，呈弛张热。肺部听诊有肺泡呼吸音减弱，捻发音，干、湿啰音；肺部叩诊病区呈半浊音或浊音。

3. 鉴别诊断

（1）与肺气肿。牛肺脏内充满过量气体，肺体积增大，叩诊肺各部皆呈鼓

音或过清音，叩诊界可向后延伸，呼气较长，由于腹部肌肉用力收缩，沿肋骨与肋软骨交界处凹陷成一纵沟，为肺气肿的示病症状。

（2）与巴氏杆菌病。发病突然，传播迅速，除肺炎型外，还呈现急性败血型及头、颈、胸前和腹下出现水肿。

（3）与牛肺疫。多数呈慢性经过，急性型较少，按压肋间有明显胸痛，叩诊浊音区广泛，胸下、腹下水肿，胸腔穿刺液有浆液性纤维蛋白性渗出液体。

（4）与牛结核病。病程长，呈慢性经过，病牛渐进性消瘦，贫血。咳嗽频繁，并表现出痛苦。牛结核菌素皮内试验呈阳性反应。

（5）与肺水肿病。牛体温多不升高，全身毒血症较轻，叩诊肺时常呈鼓音，两侧鼻孔流出黄色或淡红色的泡沫状鼻液，这是与肺炎相区别的症状之一。

（6）上呼吸道炎。牛上呼吸道炎包括喉炎、喉水肿、气管炎和支气管炎。这些疾病全身毒血症程度要比肺炎轻，且咳嗽频繁，用手指捏压喉头或气管可诱发咳嗽。

4. 治疗

治疗原则：抗菌、消炎；强心、利尿，减少渗出；已渗出时，应促使渗出物吸收。

（1）对病牛应加强护理，置于通风良好、温暖无灰尘的圈舍中，给予易消化、适口性好的饲料。

（2）抗菌消炎，主要应用抗生素和磺胺类药物进行治疗，用药途径和剂量视病情轻重及有无并发症而定。

（3）制止渗出，可静脉注射10%氯化钙溶液，100~150毫升，每日1次。促进渗出物的吸收，可肌内注射速尿，剂量250毫克，每日2次。

（4）缓解呼吸困难，可肌内注射阿托品0.048毫克/千克体重，每日2次。肌内或静脉注射地塞米松10~20毫克，每日1次。

5. 预防

加强饲养管理，减少刺激呼吸道的各种应激因素，供给全价日粮，建立完善的免疫接种制度，增强机体抗病力。及时治疗原发病。

十四、肺充血和肺水肿

肺脏毛细血管内血液量异常增多称肺充血。肺血管内的液体成分渗漏到肺泡及支气管内时称肺水肿。

1. 发病原因

肺充血主要是由于炎热季节服重役，在车船运输途中过度拥挤，以及吸入热空气或刺激性气体所引起。心机能障碍、持续性肺充血加剧，多能引起肺水肿。

2. 临床诊断

肺充血的临床特征为：体温升高，脉搏加速，呼吸浅表，肺泡呼吸音增强（不流鼻液）。心机能障碍引起的肺充血体温无变化。

肺水肿的临床特征为：两侧鼻孔流出大量浅黄色带有小泡沫样鼻液。肺泡呼吸音减弱，湿啰音明显。胸部叩诊在前下部时因肺泡充满液体多呈浊音。

3. 治疗

肺充血到肺水肿发展迅速，必须及时抢救治疗。

（1）心脏机能衰弱时应即时用强心药，安钠咖注射液10～20毫升，或樟脑磺酸钠注射液10毫升，肌内注射。

（2）防止渗出可用10%氯化钙100～200毫升，静脉注射。

（3）病牛不安时可用镇静剂，安溴注射液80～100毫升，静脉注射。

4. 预防

加强锻炼，增强牛体耐力。注意圈舍卫生，保持通风良好，防止中暑。

十五、创伤性心包炎

创伤性心包炎是由尖锐异物刺伤心包而引起的心包化脓性、增生性炎症。常伴有网胃炎、隔膜炎、胸膜炎。临床上以食欲废绝，颈静脉怒张，胸下、颈下、颌下浮肿为特征。

1. 发病原因

多由随同饲料进入网胃的铁丝、铁钉等尖锐的金属锐物，穿透网胃壁，进而刺伤心包而引起炎症。

2. 临床诊断

病初呈现顽固性的前胃弛缓症状和创伤性网胃炎症状，以后才逐渐出现心包炎的特有症状，即心区触诊、叩诊时病牛疼痛不安，抗拒检查。心脏听诊，初期可听到心包摩擦音，以后可听到心包拍水音，心音和心搏动明显减弱。颈静脉膨隆呈索状，颌下、肉垂、胸下及胸前等处发生水肿。体温升高，脉搏增数，呼吸加快。

3. 治疗

视牛的经济价值采用不同疗法。对经济价值高的病牛可采用心包穿刺法或手术疗法，但严重腹侧水肿和明显心衰的病牛不宜手术。

心包穿刺法操作为：心包积液时，用10～20号的20厘米长针头，在左侧第4～6肋间与肩关节水平线相交点做穿刺，抽空心包积液后，用生理盐水反复冲洗，直至抽出液体变透明为止，再灌注抗生素，隔3天冲洗1次。

4. 预防

加强饲养管理工作，防止饲料中混杂金属异物。对已确诊为创伤性网胃炎的病牛，宜尽早实施瘤胃切开术，取出异物，避免异物刺伤心包。

十六、脑膜脑炎

脑膜脑炎是软脑膜及脑实质发生炎症，伴有严重脑机能障碍的疾病。临床上以先兴奋后因神经机能丧失而沉郁为特征。

1. 发病原因

原发性脑膜脑炎多数是由感染或中毒所致。感染因素有恶性卡他热病毒、大肠杆菌、巴氏杆菌、李氏杆菌、葡萄球菌等，中毒因素有食盐中毒、铅中毒等引起的严重自体中毒。继发性脑膜脑炎多见于脑部及邻近器官炎症的蔓延，如颅骨外伤、角坏死、额窦炎等；也见于一些寄生虫病，如脑脊髓丝虫病、脑包虫病。

2. 临床诊断

通常突然发病。一般脑症状表现为精神状态异常，病牛先兴奋后浓郁或交替出现。兴奋时，病牛眼神凶恶，摇头甩尾，大声哞叫，狂暴不安，乱奔乱跑；沉郁时，病牛无神呆立，不注意周围事物，对外界刺激反应迟钝，严重者昏睡或昏迷，意识丧失，皮肤痛觉和反射均消失。

局部脑症状表现为痉挛和麻痹，神经功能亢进时，可呈现眼球震颤、斜视、牙关紧闭等症状；神经功能减退时，可呈现口唇歪斜，耳下垂，舌脱出，以及吞咽、视觉、听觉、嗅觉、味觉功能丧失等症状。

3. 鉴别诊断

（1）与李氏杆菌病。病牛头向一侧偏斜，一侧性颜面神经麻痹，一侧性眨眼反射，不流泪，做圆圈运动。

（2）与昏睡嗜血杆菌感染。患脑膜炎，体温升高达41℃，高度沉郁可持续

12～24小时，嗜睡，呈流行性。

（3）与牛恶性卡他热。除脑膜炎症状外，流鼻涕，鼻镜糜烂和结痂，口腔黏膜溃烂，角膜混浊，出现白细胞减少症。

（4）与破伤风。病牛机敏性增强，刺激可引起肌肉痉挛性和强直性收缩，牙关紧闭，四肢强直。

（5）由毒素引起的脑机能改变。病牛常常伴有重度的胃肠障碍和其他症状，病史调查可有助于诊断。

5. 治疗

治疗原则是抗菌消炎，降低颅内压和对症治疗。

（1）抗菌、消炎，可静脉注射10%磺胺嘧啶钠液或增效磺胺嘧啶液100～150毫升；庆大霉素2.2毫克/千克体重，每日2次。

（2）降低颅内压，可静脉注射20%甘露醇或25%山梨醇150～300毫升。

（3）病牛过度兴奋、狂躁不安时，可肌内注射2.5%盐酸氯丙嗪10.20毫升，或静脉注射安溴注射液50～100毫升。

6. 预防

加强饲养管理，及时治疗原发病，防止疫病蔓延传播。

十七、日射病及热射病

日射病是在炎热季节，牛的头部受到强烈日光的直接照射，引起的中枢神经系统机能严重障碍性疾病；热射病是在潮湿闷热的环境中，机体产热多，散热少，体内积热而引起中枢神经系统机能紊乱的疾病。临床上日射病和热射病统称为中暑。

1. 发病原因

在高温天气和强烈阳光下使役、驱赶和奔跑等常可发病。圈舍拥挤、通风不良或在闷热（温度高、湿度大）的环境下无降温设施，用密闭而闷热的车、船运输等也可引起本病。

2. 临床诊断

常在酷暑及盛夏季节突然发病。病牛精神沉郁或兴奋。体温升高至41.5～42.5℃，心率过速达100次/分以上，呼吸急促，张口伸舌，呼吸数多达75次/分以上，步态不稳，摇晃，最后卧地呈昏睡状态。

3. 治疗

治疗原则是消除病因，促进机体散热和缓解心肺机能障碍。

（1）消除病因。立即将病牛移至阴凉通风处，若病牛卧地不起，可就地搭起遮阳棚，减少应激。

（2）降温疗法。不断用冷水浇洒全身，或用冷水灌肠，口服1%冷盐水，体质较好者可泻血1 000~2 000毫升，同时静脉注射等量生理盐水，以促进机体散热。

（3）缓解心肺机能障碍。对心功能不全者，可皮下注射20%安钠咖10~20毫升。为防止肺水肿，可静脉注射地塞米松1~2毫克/千克体重。当病牛烦躁不安和出现痉挛时，肌内注射2.5%氯丙嗪10~20毫升。若确诊病牛已出现酸中毒症状，可静脉注射5%碳酸氢钠500~1 000毫升。

4. 预防

在夏天，应充分做好防暑降温工作，牛舍要透风，牛棚内应设置排风扇或喷雾降温；及时清刷饮水槽，保证有充足的清洁饮水；运动场内搭设凉棚，并设置食盐槽，供牛自由舔食。一旦发病，应及时对症治疗。

十八、酮病

酮病又叫醋酮血症，是由于牛体内碳水化合物及挥发性脂肪酸代谢紊乱所引起的一种全身性失调的代谢性疾病。其特征是血液、尿、乳中的酮体含量增高，血糖浓度下降，消化机能紊乱，体重减轻，产奶量下降，间有神经症状。

1. 发病原因

由于饲料中糖和产糖物质不足，导致能量代谢紊乱，体内酮体生成增多；此外，继发于皱胃变位、创伤性网胃炎、子宫炎、乳房炎等引起的食欲减退，血糖浓度下降，导致脂肪代谢紊乱，酮体生成增多。

2. 临床诊断

主要发生于高产奶牛，通常在产后2~3周发病。病牛呈现顽固性前胃弛缓，食欲减退，厌食精料，仅吃少量干草或青草，常吃污秽不洁的垫草等。反刍减少，瘤胃蠕动音减弱或消失，产奶量急剧下降。病牛呼出的气体有酮味（如同烂苹果的味道），尿液及乳汁中酮体增多。

病牛可出现神经症状。初期兴奋不安，哞叫，听觉过敏，眼肿，转圈运动，有的横冲直撞，狂暴不安。后期转为抑制，呆立于槽前，低头耷耳，或步态不稳，卧地不起，有时头置于肘部而呈昏迷状态。

3. 治疗

（1）补糖疗法。静脉注射50%葡萄糖液500毫升，每天2次，需反复注射。补充产糖物质，丙二醇或甘油每日450克，分2次口服，连用2天。

（2）激素疗法。肌内注射促肾上腺皮质激素500单位；地塞米松10～30毫克，或氢化可的松0.5～1克，肌内注射。

（3）其他疗法。解除酸中毒，可静脉注射5%碳酸氢钠液500～1 000毫升，每天1～2次。对兴奋不安的病牛，可静脉注射5%水合氯醛乙醇注射液200～300毫升，或口服水合氯醛15～30克。为加强前胃消化机能，促进食欲，用人工盐200～250克，一次灌服；维生素$B_1$20毫升，一次肌内注射。

4. 预防

加强干奶牛的饲养，注意饲料组合，不可偏喂单一饲料。妊娠后期和产犊以后，应减喂精料，增喂优质青干草、甜菜、胡萝卜等含糖和维生素含量丰富的饲料。适当增加运动，及时治疗诱发疾病。

十九、佝偻病

佝偻病是指犊牛在生长过程中，由于维生素D及钙、磷缺乏或饲料中钙、磷比例失调所致的一种骨营养不良性代谢病。其特征是消化紊乱、异食癖、长骨弯曲和跛行。

1. 发病原因

草料中钙、磷不足或比例不当，维生素D不足或缺乏，缺乏阳光照射是本病发生的主要原因。

2. 临床诊断

病犊精神沉郁，喜卧，异嗜，舔食墙土、煤渣、沙土、砖头及粪尿等物。营养不良，消瘦，贫血，生长发育缓慢。四肢各关节肿大，特别是腕关节和跗关节最为明显；四肢长骨弯曲变形，肋和肋软骨连接处肿大呈串珠样；站立时，拱背，两前肢腕关节外展呈0字形；两后肢跗关节内收呈八字形叉开，运步强拘，跛行；牙齿发育不良，咀嚼困难。

3. 治疗

对病牛应尽早治疗。在饲养上给豆科牧草及其子实，以及优质干草和磷酸钙。同时，可用维生素D_2（骨化醇）200万～400万单位，肌内注射，隔日一次，3～5次为一个疗程；维生素A、维生素D 50万～100万单位，一次肌内注射；维丁胶性钙5～10毫升，一次肌内注射，每日一次，连续注射3～5天。

4. 预防

加强妊娠后期母牛的饲养管理，补充维生素D和钙。加强犊牛的护理，尽早培养采食能力，给以适口性好、品质好的饲料，保证蛋白质、矿物质及维生素的供给；犊牛舍应干燥、通风，并且日光充足。

二十、骨软病

骨软病是成年牛钙、磷代谢障碍的一种慢性全身性疾病。临床症状是消化紊乱，骨质变软，肢势异常，蹄变形，尾椎吸收及跛行，为奶牛常见病。

1. 发病原因

草料中钙、磷不足或比例不当，维生素D不足或缺乏，缺乏阳光照射是本病发生的主要原因。

2. 临床诊断

以年老而又高产的母牛易发。病牛出现慢性消化障碍症状和异嗜，舔墙吃土，喝粪汤尿水等异物。拱背站立，喜卧，运步不灵活，常可听到肢关节有破裂音，即“吱吱”声，出现不明原因的一肢或多肢跛行，或交替出现跛行。骨骼变形，尾椎被吸收，最后1尾或2尾椎吸收消失，肋软骨肿胀呈串珠样，形似糖葫芦。

3. 治疗

病初如果及时治疗，收效较大，如症状已趋明显，则疗效较差。

（1）饲料可补加磷酸二氢钠80～120克，每天1次，连用3～5天。

（2）静脉注射10%氯化钙200～300毫升或10%葡萄糖酸钙500毫升，20%磷酸二氢钠液300～500毫升或3%次磷酸钙液1 000毫升，每日1次，连续注射5～7天。

（3）维生素A、维生素D注射液15 000～20 000单位、维丁胶性钙20毫升，一次肌内注射，隔日一次，连续35天。

4. 预防

应充分重视矿物质的供应与比例，其钙、磷比例以1.4：1为宜。有条件的牛场应加喂干草，每日喂胡萝卜7.5～10千克。对于已出现症状的高产牛，可提早停乳，定期静脉注射钙制剂和磷酸二氢钠注射液。

二十一、青草搐搦

青草搐搦又称青草蹒跚，是在幼嫩的青草地或谷苗地放牧不久而突然发生的一种高致死性疾病。临床上以强直性和阵发性肌肉痉挛、呼吸困难和急性死亡为特征。

1. 发病原因

主要是由于多吃了幼嫩多汁的青草，使血液中镁和钙含量急剧减少所致。

2. 临床诊断

以春夏季节多见。病牛呈现明显的神经症状，盲目奔跑，呈疯狂状态，倒地后四肢划动，颈、背及四肢震颤，牙关紧闭，磨牙，唇边有泡沫。耳竖立，尾肌和后肢呈强直性痉挛，如抢救不及时，很快死亡。

3. 治疗

常用25%硫酸镁液200～300毫升，5%氯化钙液100～200毫升，10%葡萄糖液500～1 000毫升，静脉注射，速度要缓慢。可配合25%硫酸镁液200毫升进行皮下注射。

4. 预防

春夏季节要合理放牧，尤其由舍饲转为放牧时，应逐渐过渡，防止突然饱食青草。如长时间放牧，应适当补镁补钙。

二十二、母牛卧倒不起综合征

母牛卧倒不起综合征又称爬行母牛综合征，最常继发于生产瘫痪，临床上表现为长时间躺卧，用钙剂治疗两次还不能站立者，多认为是本病。

1. 发病原因

直至目前还在争论和探讨中。

2. 临床诊断

本病以头胎牛和老年牛多见，冬季多于春季。持续躺卧是本病的主要表现，卧倒不起常发生于产犊过程或产犊后48小时内。病牛神志清醒，反应机敏，饮食欲基本正常，心率增加到80～100次/分。最初病牛企图挣扎站立，但其后肢不能充分伸展，只能以部分屈曲的两后肢沿地面爬行，由此得名“爬行母牛”。有的病牛两后肢向后移位而呈现出犬坐姿势或蛙腿姿势。由于长时间卧地不起，常引

起乳房炎、褥疮性溃疡等并发症。

3. 治疗

由于本病病因复杂，要根据诊断分析的结果作为治疗依据。若已确认病因为各种损伤，包括肌肉和韧带的损伤时，宜尽早予以淘汰。对于经治疗可望恢复的病牛，宜对症综合治疗。临床上可采用钙制剂、镁制剂、磷制剂及钾制剂。如10%葡萄糖酸钙500～1 000毫升，一次静脉注射，每日2～3次。15%磷酸二氢钠液200～300毫升，林格氏液1 000毫升，一次静脉注射。氯化钾30～40克，分2～3次内服；或用5%氯化钾100毫升，5%葡萄糖注射液500毫升，缓慢一次静脉注射。25%硫酸镁注射液100～200毫升，一次皮下注射。在充分保证血钙浓度的情况下，上述药物可交替使用。对于神经损伤、肌肉剧伸的病牛，可用维生素B_1、B_{12}，或士的宁于腰荐神经丛穴位注射。也可用醋灸法，即将醋涂布于病牛腰荐部，再用酒精涂布，点燃涂布于腰荐部的酒精，等燃烧过后，用麻袋将腰部覆盖，有时也能收效。

二十三、硒和维生素E缺乏症

硒和维生素E缺乏症主要是由于体内硒和维生素E缺乏或不足所引起的一种疾病。以骨骼肌、心肌和肝脏组织变性、坏死为特征。犊牛多发。

1. 发病原因

饲草料中硒和维生素E含量不足，或饲料加工贮存不当，维生素E被破坏，则可发生本病。

2. 临床诊断

犊牛发育受阻，步态强拘，后躯摇晃，喜卧，臀背部肌肉僵硬。伴有顽固性腹泻，心率可达120次/分以上，心律不齐。成年母牛胎衣不下，泌乳量下降。

3. 治疗

应用硒和维生素E制剂治疗。常用0.5%亚硒酸钠液8～10毫升，肌内注射，隔20天再注射1次；维生素E注射液50～70毫克，肌内注射，每天1次，连用数天。

4. 预防

加强妊娠母牛和犊牛的饲养管理，冬季多喂优质干草，增喂苜蓿、麸皮和麦芽，在饲料中直接补硒。在严重缺硒的地区，入冬后对妊娠母牛每2周肌内注射维生素E 200～250毫克，每20天肌内注射0.1%亚硒酸钠液10～15毫升，共注射3

次。对犊牛也可采用同样的方法进行预防，剂量减半。

二十四、维生素A缺乏病

维生素A，其来源除鱼类，尤其是鳕鱼、鲛、动物肝脏等动物性饲料中含量较多外，虽然有些植物类饲料中几乎不存在，但胡萝卜素在绿色植物性饲草和黄玉米中却大量存在。牛摄入并吸收的胡萝卜素在肝脏内能转化为维生素A。维生素A属于脂溶性维生素类的一种。

1. 病因

（1）饲草（料）中胡萝卜素和维生素A含量不足。例如，牧草调制过程中胡萝卜素被破坏；棉子饼缺乏维生素A；青贮饲料和谷物饲料的长期保存，使胡萝卜素和维生态A含量减少；受日光、热作用而氧化失去活性。

（2）肠道疾病影响对胡萝卜素和维生素A的吸收。

（3）生理功能异常：处于妊娠后期、泌乳期、肝功能减退、肝片形吸虫病、体温升高和甲状腺功能亢进等，影响牛对胡萝卜素和维生素A的吸收。

（4）哺乳和饲喂代用乳：初生犊牛初乳哺饲期短、哺乳量不足或代用乳粉加热调制过程中维生素A被破坏等。

2. 症状

维生素A的生理功能是维持上皮组织结构完整，促进结缔组织中黏多糖的合成，并保持细胞膜和细胞器（如线粒体、溶酶体等）膜结构的正常的通透性、骨骼的正常发育以及视觉机能等。当维生素A缺乏时，最常见的症状是干眼症和夜盲症。干眼症是由于泪腺上皮细胞萎缩、坏死，有时鳞皮化，同时皮肤也呈现粗糙（又称糙皮症）。夜盲症则表现在傍晚、清晨前光线较暗时，呈现视力障碍，步态不稳，严重时碰撞所有障碍物，回舍时不知道舍门在何方，而健牛则可顺利进出舍门。这是因为健康牛的视网膜上有感受强光的锥状细胞和感受弱光的柱状细胞中的感光物质——视紫红质处于正常功能之故。但发生夜盲症的患牛，则视紫红质（维生素A是其主要成分之一）在合成功能中发生了障碍，呈现视觉生理功能异常的缘故。此外，维生素A缺乏还能对泌尿、生殖器官发生一些病理性变化，如引起尿道黏膜的病变，细胞和黏膜脱落易诱发尿石症；生殖器官黏膜角质化可使公牛产生精液性能降低，性欲减退，母牛受胎率降低，易发生卵巢囊肿，胎衣停滞，甚至流产和胎儿先天性畸形与先天性犊牛失明症等后果。胃肠黏膜也

因维生素A缺乏，而导致胃肠卡他等疾病的发生。

3. 诊断

主要根据临床表现来确诊，如牛皮肤有麸皮样痂块，角膜干燥，突出的病症是夜盲，傍晚及清晨前常因盲目行走，不避障碍物而跌进水坑或旱井内。如脑脊髓液压力增高时常发生强直和阵发性惊厥，感觉过敏。

4. 鉴别诊断

（1）青光眼：

①类似处：盲目行走，不避障碍物，易跌进水坑、旱井内。

②不同处：瞳孔散大，白天也看不清障碍物，眼球突出，按压坚实，俗称“瞪眼瞎”。

（2）犊牛先天性脑室积水：

①类似处：几步之内不能看到障碍物，盲目行走。

②不同处：额突出，眼眶小，眼球突出，在阵发性痉挛前，先收拢四肢，发抖，继而做犬坐姿势，又突然起立向前冲，再倒地抽搐。白天也看不清障碍物。

5. 防治方法

怀孕后期的母牛注意喂食含维生素A原多的青干草、胡萝卜、南瓜、黄玉米等饲料，不喂或少喂青贮饲料和牧草，并加喂麸皮补磷、补镁。凡产棉区饲养的牛群，以棉子饼为精料的养殖单位或养殖户，平时必须加补维生素A含量多的饲料或另喂鱼肝油或注射维生素A针剂。对病犊治疗时主要补给维生素A。

（1）用维生素AD注射液（每毫升含维生素A 50 000单位，维生素D 5 000单位）2～4毫升，肌内注射，连用5～7天。

（2）用浓鱼肝油（每1克含维生素A 50 000单位，维生素D 5 000单位），每100千克体重0.4～0.6毫升内服，连用7～10天。

（3）灌服肝浸汁也有较好疗效。

6. 专家提示

本病偶有发生，多见于犊牛。故犊牛应适当有意补充一些含维生素A的饲料或药物。产棉区常以棉子饼为主要精饲料，经常发现新生犊产后双目失明，除了因孕牛长期受到“棉酚毒”的侵害外，又同时因棉子饼中缺乏维生素A，故孕期必须给母牛添加维生素A丰富的饲料。

二十五、维生素D缺乏病

维生素D缺乏病多见于幼犊，又称佝偻病。维生素D属脂溶性维生素，是固醇类衍生物，共有6～8种之多，其中与动物营养学有着最为密切关系的有维生素D_2（麦角骨化醇）和维生素D_3（胆骨化醇）两种。维生素D在鱼肝油中含量丰富，蛋类、哺乳动物肝脏和豆科植物中含量也较多，只是在一般植物性饲料中含量极少。动物皮肤颗粒层中的7-脱氢胆固醇在波长297～320纳米紫外线照射下，也可转变为维生素D_3，贮存在肝脏内。如果动物体内缺乏维生素D，肠黏膜对钙、磷的吸收机能就会降低，使处于生长过程中的犊牛发生佝偻病，使成年牛，尤其是妊娠或哺乳母牛发生骨软病，使老年牛骨质疏松，常导致非外伤性突发性骨折。

1. 病因。如日光照射少，饲喂加工的干草方法不当，植物性饲料中维生素D含量不足，牛胃肠疾病影响对维生素D的吸收和有效利用等。

2. 症状。维生素D缺乏，首先是犊牛生长发育缓慢和牛只生产性能明显降低。临床表现食欲大减，消瘦，被毛粗乱、无光泽。同时，骨化过程受阻的结果使掌骨、跖骨肿大，前肢向前或侧方弯曲，对称的两前肢呈现X形或O形，膝关节增大和拱背等异常姿势。随病势发展，病牛运动减少，步态强拘，跛行。知觉过敏，不时发生缺钙性搐搦，甚至强直性痉挛，被迫卧地不能站立。由于严重的胸腔变形（鸡胸或桶状胸），则引起呼吸促迫或呼吸困难，有的伴发前胃弛缓和轻度瘤胃臌气等。泌乳母牛泌乳量明显减少，妊娠母牛多发生早产、体弱或骨折，产下的胎儿，头颅骨畸形，囟门闭锁时间延长，有时发生牙齿（乳齿）脱碎或胸骨两侧的肋软骨肿大，呈捻珠状隆起等。

3. 诊断。本病体温正常，犊牛肢体明显变形，两前肢呈现X形或O形姿势，血中维生素D测定低于正常指标。

4. 鉴别诊断。①先天性屈腱挛缩；②风湿病；③碘缺乏症；④锰缺乏症；⑤慢性变形性跗关节炎；⑥关节周围炎等。

5. 防治方法

（1）预防：对不同发育阶段的牛群——犊牛、育成牛和成年牛等，补饲动物性蛋白饲料，尤其是鱼肝油之类。保证每日摄取量在7～12单位/千克体重。必要时还可在饲料中外加市售的维生素D粉（每包250克，加入500千克饲料中）或

肌内注射维生素D2油剂以维持3～6个月。平时也应注意日粮中钙、磷含量及比例（钙：磷为2：1）等适宜问题。

（2）治疗：在多使牛群受到日光照射、饲喂豆科植物性饲草（料）的同时，对维生素D缺乏的病犊还应及时治疗，以防肢体变形。应用大于维持剂量10倍以上的维生素D制剂（如维生素AD丸、鱼肝油、维丁胶性钙注射剂等），每日或隔日1次，疗程为1周以上。在补维生素D时，为什么还应补充维生素A呢？因为两者协同，可改善牛的食欲、营养状态，也促使血钙、血磷含量和碱性磷酸（酯）酶活性等项指标恢复常态，但严重骨骼变形时，由于骨质较软，也可采用“石膏绷带或小夹板固定法”，配合药物治疗，可使肢体畸形获得矫正。

6. 专家提示

本病主发于1～2周龄的幼犊，如及时治疗可于月余时间恢复常态，如已有X形或O形肢体畸形，在服药的同时，采用肢体固定法疗效更佳。

第三节　外科病

一、创伤

创伤是因锐性外力或强烈的钝性外力作用于机体组织或器官，使受伤部皮肤或黏膜出现伤口及深在组织与外界相通的机械性损伤，分为新鲜创和化脓性感染创。新鲜创包括手术创和新鲜污染创（尚未出现感染症状）；化脓性感染创是指创内有大量细菌侵入，出现化脓性炎症的创伤。

1. 临床诊断

（1）新鲜创。出血、创口裂开、疼痛是新鲜创的主要症状。重剧的创伤常出现不同程度的全身症状。

（2）化脓性感染创。化脓性感染创又包括化脓创和肉芽创。化脓创的临床特点是创缘及创面肿胀、疼痛，局部温度增高，创口不断流出脓汁或形成很厚的脓痂。创腔深而创口小或创内存有异物时，发生脓肿或引起周围组织的蜂窝织炎，出现体温升高。随着化脓性炎症的消退，创内出现新生肉芽组织。正常肉芽组织比较坚实，呈红色平整颗粒状，表面附有少量黏稠的带灰白色的脓性物。

2. 治疗

（1）新鲜创的治疗

①及时止血。可采取压迫、填塞、钳夹、结扎等方法，也可应用止血剂。如外用止血粉撒布创面，必要时可用安络血、维生素K_3等全身性止血剂。

②清洁创围。先用灭菌纱布将创口盖住，剪除周围被毛，用0.1%新洁尔灭溶液或生理盐水将创围洗净，然后用5%碘酊进行创围消毒。

③清理创腔。除去覆盖物，用镊子仔细除去创内异物，反复用生理盐水洗涤创内，然后用灭菌纱布轻轻地吸蘸创内残存的药液和污物。对污染较重的创伤，要及早清理，并用0.1%新洁尔灭溶液清洗创腔，再于创面涂布碘酊。

④缝合与包扎。创面比较整齐，外科处理比较彻底时，可密闭缝合；有感染危险时，部分缝合；创口裂开过宽时，可部分缝合；组织损伤严重或不便缝合时，可采用开放疗法。四肢下部的创伤一般应包扎。

⑤若组织损伤或污染严重时，应及时注射破伤风类毒素、抗生素。

（2）化脓性感染创的治疗

①化脓创的治疗。清洁创围。用0.1%高锰酸钾溶液、3%双氧水或0.1%新洁尔灭溶液等冲洗创腔。扩大创口，开张创缘，除去深部异物，切除坏死组织，排出脓汁。最后用松碘油膏或10%磺胺乳剂等涂布创面或用纱布条引流。有全身症状时可适当选用抗菌消炎类药，并注意强心解毒。

②肉芽创的治疗。清理创围，清洁创面，用生理盐水轻轻清洗。局部用药，应选用刺激性小、能促进肉芽组织和上皮组织生长的药物，如松碘油膏、3%龙胆紫等。肉芽组织赘生时，可用硫酸铜腐蚀。

二、脓肿

在任何组织或器官内形成外有脓肿膜包裹、内有脓汁潴留的局限性脓腔时称为脓肿。

1. 发病原因

各种化脓菌通过损伤的皮肤或黏膜进入体内而发生。此外，当静脉注射刺激性药物（如氯化钙、黄色素、水合氯醛等）漏于皮下，尖锐物体的刺伤或手术时局部造成污染等也会导致脓肿。

2. 临床诊断

（1）浅在脓肿。病初局部增温，疼痛，呈显著的弥漫性肿胀。以后肿胀逐渐局限化，四周坚实，中央软化，触之有波动感，渐渐皮肤变薄，被毛脱落，最后破溃排脓。

（2）深在脓肿。局部肿胀，常不明显，但患部皮肤和皮下组织有轻微的炎性肿胀，有疼痛反应，指压时有压痕，波动感不明显。为了确诊，可进行穿刺。当脓肿尚未成熟或脓汁过分浓稠，穿刺抽不出脓汁时，要注意针孔内有无脓汁附着。

3. 鉴别诊断

（1）血肿。受伤后迅速形成局限性肿胀，穿刺肿胀部位可流出血液。

（2）淋巴外渗。通常在受伤后3～4天出现肿胀。穿刺肿胀时，可排出橙黄色半透明的淋巴液，有时因混有血液而呈红黄色。

（3）腹壁疝。受伤后常在右侧腹壁上突然发生球形或椭圆形、大小不等的柔软肿胀，小的如拳，大的如排球。热痛较轻，有时听诊可听到肠蠕动音。

4. 治疗

病初，局部可涂布樟脑软膏或用醋调制的复方醋酸铅散，以抑制炎症产物渗出；随后，可用温热疗法，如热敷、蜡疗等，以促进炎症产物的吸收；同时，用抗生素或磺胺类药物进行全身性治疗。如果上述方法不能使炎症消散，可用鱼石脂软膏等，以促进脓肿成熟。当出现波动感时，即表明脓肿已成熟，这时应及时切开，彻底排除脓汁，再用3%双氧水或0.1%高锰酸钾水冲洗干净，涂布松碘油膏或视情况用纱布引流，以加速坏死组织的净化。

三、血肿

血肿是由于种种外力作用，造成软组织的大血管破裂，血液进入周围组织而形成的肿胀。奶牛主要发生皮下血肿和乳房血肿。

1. 发病原因

血肿常见于软组织的非开放性损伤，但骨折、刺创、火器创也可形成血肿。

2. 临床诊断

血肿的临床特点是肿胀迅速增大，肿胀呈明显的波动感或饱满有弹性。4～5天后肿胀周围呈坚实状，并有捻发音，中央部有波动，局部增温。穿刺时，可排出血液。有时可见淋巴结肿大和体温升高等全身症状。血肿感染可形成脓肿。

3. 治疗

血肿初期，可注射止血敏，用冷敷和按压来止血。经4～5天肿胀稳定后，在血肿下部局部剪毛消毒，穿刺或切开血肿，排除积血或凝血块，如发现继续出血，可结扎血管。清理创腔后，分别用3%双氧水和0.1%高锰酸钾水冲洗，再缝合创口，最后用纱布做引流。为防止感染，可注射青霉素、链霉素，或注射其他抗生素。

四、淋巴外渗

淋巴外渗是在钝性外力作用下，造成淋巴管断裂，淋巴液进入周围组织而形成的肿胀。

1. 发病原因

钝性外力在动物躯体上强行滑擦，致使皮肤或筋膜与其下部组织发生分离，淋巴管发生断裂。淋巴外渗常发生于淋巴管较丰富的皮下结缔组织。

2. 临床诊断

淋巴外渗在临床上发生缓慢，一般于伤后3～4天出现肿胀，并逐渐增大，有明显的界线，呈明显的波动感，炎症反应轻微。穿刺液为橙黄色稍透明的液体，或其内混有少量的血液。病程延长，会出现结缔组织增生，呈明显的坚实感。

3. 治疗

对较小的淋巴外渗，可于波动明显部位，用注射器抽出淋巴液，然后注入95%酒精或酒精福尔马林液（95%酒精100毫升，福尔马林1毫升，碘酊数滴，混合备用），停留片刻后，再将其抽出。应用一次无效时，可进行第二次注入。对较大的淋巴外渗，可切开肿胀，排出淋巴液及纤维素，用酒精福尔马林液冲洗，并将浸有上述药液的纱布填塞于腔内，进行假缝合。当淋巴管完全闭塞后，可按创伤治疗。

5. 冻伤

牛在寒冷潮湿环境下由于低温作用，在尾巴、四肢、耳朵、乳房等末梢部易发生冻伤。

1. 临床诊断

按冻伤程度可分为三度：I度，皮肤及皮下组织充血、水肿、疼痛；Ⅱ度，除皮肤红肿外，出现大小不等的水泡，以后逐渐变干，表皮脱落，自溃后易形成溃疡；Ⅲ度，深达皮下、肌肉、骨骼、韧带等，皮肤呈紫黑色、紫褐色，局部感觉消失，感染后出现渐进性坏死，少数出现干性坏死。

2. 治疗

首先做好复温工作。患部用酒或10%～20%樟脑酒精涂擦、按摩或温敷，也可用花椒壳250克，掺盐100克，炒熟后敷于患部。病牛尚需灌服姜汤或热酒。对Ⅰ度冻伤，做好复温便可痊愈。Ⅱ度冻伤局部可涂擦5%龙胆紫溶液，大水泡要刺破，涂擦当归紫草膏。对Ⅲ度冻伤应及时切除坏死组织，创面按Ⅱ度冻伤处理，并加入金霉素软膏，当有全身感染倾向时，应用青霉素400万单位、链霉素200万单位肌内注射，静脉注射10%葡萄糖酸钙200～300毫升。对已感染、坏疽的按感染创处理。末梢部分坏死时应手术切除。

3. 预防

防止冻伤的关键在于预防，冬季圈舍内要保持干燥温暖，防贼风，垫草要厚。

六、角损伤

角损伤是反刍兽特发病，主要是暴力损伤所致。

1. 临床诊断

一般分为三种。

（1）角鞘（角壳）脱落。角鞘全部脱落或活动，角突处有大量混有血液的渗出物，触之疼痛。

（2）角鞘破裂。在角的生发层表面出血，角突骨质上可能出现骨裂或角折。

（3）高位或低位角折。角折部位从角基部算起超过全长1/2为高位，不到1/2为低位，越接近基部的角折，病情越严重。

2. 治疗

角折后尽快包扎，防止继续出血与污染。角鞘脱落时，用浸有消毒液的纱布擦净血凝块后包扎。如为新鲜角折，擦净创面后包扎，数天后不发生感染即可修补。角折化脓时，按化脓创处理，瘢痕形成后才可修补。外科处理不宜用消毒液冲洗角腔。封闭材料要轻巧、牢固、耐压、耐磨、防水，填塞物一般用固齿粉、塑料粉、有机玻璃、500号水泥等，补壳用牛角板、铝皮等。

七、全身化脓性感染

全身化脓性感染也称败血症，是机体某些部位感染化脓后，细菌进入血液不断增殖，并且产生毒素，从而引起全身性的病理过程。

1. 发病原因

引起全身化脓性感染的致病菌主要有金黄色葡萄球菌、溶血性链球菌、大肠杆菌、厌气性链球菌、坏疽杆菌等。

2. 临床诊断

病牛全身症状明显，体温升高至40℃以上，稽留热，食欲减退或废绝，瘤胃蠕动减弱，脉搏弱而快，呼吸促迫，精神沉郁，目光呆滞，严重者会出现体温降低，最终导致死亡。

3. 治疗

（1）局部疗法。必须彻底清除化脓灶的坏死组织，排除脓汁，通畅引流。

（2）全身疗法。早期大剂量注射抗生素，如青霉素、链霉素、四环素等。静脉注射生理盐水1 000毫升、5%葡萄糖1 000毫升、10%安钠咖30毫升、5%碳酸氢钠500毫升，一天2次，连用5天。

八、结膜炎

结膜炎是由各种不良外界刺激及感染引起的眼睛结膜的炎症。

1. 发病原因

主要原因是一些尘沙、谷皮等细小颗粒进入眼睛，石灰、氨气、烟雾等对结膜的刺激，或消毒过程中消毒液如石灰水、火碱水、肥皂水、洗必泰对结膜的刺激作用。也可继发于其他疾病，如寄生虫、传染性胸膜肺炎等。

2. 临床诊断

一般犊牛多发，特别在春季呈群发性。病牛怕光，结膜潮红，眼睛流泪，并且有分泌物，有疼痛感。当急性发生时，初期，眼结膜潮红充血，分泌浆液性分泌物，并且分泌物挂于眼角处。随着病情的加重，病牛羞明、流泪加重，分泌物也增多。眼结膜出现肿胀，甚至外翻，影响视觉。当蔓延至角膜时，会引起角膜混浊。当转为慢性时，症状减轻，眼结膜轻度充血，呈暗红色，并且结膜增厚。如果是化脓性结膜炎，症状非常严重，眼结膜高度充血肿胀，疼痛剧烈，并且水肿外翻，结膜囊流出黄色脓性分泌物，脓汁多时，则会将上下眼睑粘住。

3. 治疗

（1）急性。首先用生理盐水或2%硼酸溶液洗眼，以洗去眼中的异物。用醋酸可的松眼药水滴眼，每4～6小时一次；0.25%氯霉素眼药水或普鲁卡因青霉素

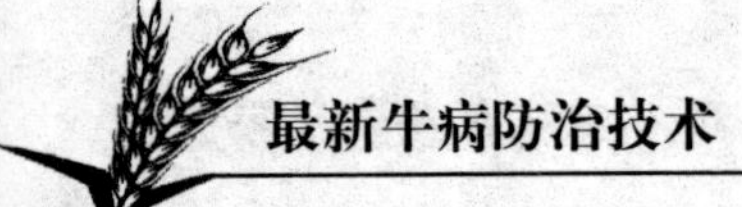

溶液（青霉素400万单位，2%盐酸普鲁卡因10毫升，生理盐水500毫升）点眼，每日2～3次。当出现化脓性结膜炎时，先用2%硼酸溶液洗眼，再用1%硫酸锌溶液滴眼；或用1%盐酸普鲁卡因2毫升、氢化可的松5毫克、青霉素5万～10万单位，做结膜下注射，隔天一次。

（2）慢性。用3%～5%硫酸锌溶液滴眼；如有增生时，先反复清洗外翻结膜上的污物，除去坏死和增生组织，再滴注0.5%金霉素眼药膏。可用自家血疗法，从颈静脉取血3毫升，注射到眼结膜下。

九、角膜炎

角膜炎是指角膜组织发生的炎症。

1. 发病原因

主要原因是外伤，如鞭伤、刺伤等，或某些异物误入眼睛，以及继发于结膜炎和其他疾病。

2. 临床诊断

角膜炎的共同症状是：羞明、流泪、疼痛、眼睑闭合、角膜混浊、角膜缺损或溃疡。症状严重时，病牛会出现角膜混浊，甚至出现角膜翳。创伤严重者，可引起角膜溃疡或因化脓引起眼球炎，最后导致失明。

3. 治疗

（1）用2%硼酸溶液或2%明矾溶液洗眼。

（2）用金霉素眼药水、盐酸普鲁卡因青霉素溶液，或氢化可的松混合青霉素滴眼。

（3）可用自家血疗法，在上下眼睑皮下注射自家鲜血5毫升。

（4）当角膜混浊或溃疡时，可用2%碘化钾溶液做眼球结膜下注射。

（5）感染化脓时，应使用抗生素药物进行全身治疗。

十、骨折

在外力作用下，骨的完整性或连续性遭受机械破坏，发生骨折。

1. 发病原因

外伤性骨折是由急剧的外力作用所致。病理性骨折是由骨骼矿物质代谢障碍、骨髓炎、氟中毒等疾病引起的。高产奶牛妊娠后期，骨质较疏松，受轻度外力作用也会导致骨折。

2. 临床诊断

骨折的性质、部位、程度不同，损伤的表现也有很大差异，不同部位的骨折有其各自的特征。共同的症状为肢体变形，活动异常，出血，肿胀，疼痛，机能障碍，具有骨摩擦音。

3. 治疗

尽早对位整复和合理固定，采用夹板绷带、小夹板、石膏绷带等固定，防止骨端移位、再损伤或污染，促进功能恢复。对开放性骨折，紧急救护时应消毒和包扎，预防伤口感染。同时采取对症治疗，如：镇痛，用盐酸哌替啶注射液10毫升，肌内注射；止血，用止血敏注射液10~20毫升，肌内注射或静脉注射；输液，用25%葡萄糖注射液500毫升，10%维生素C注射液20毫升，静脉注射，同时肌内注射维生素B_{10}15克；消炎，用青霉素400万单位、链霉素300万单位，肌内注射等。对闭合性骨折，整复前先进行麻醉，后牵引托挤断端复位，再固定。可选用中成药如接骨散、消炎汤内服，用白芨膏涂抹患部。过3~4周后应适当运动，补给钙剂，用10%葡萄糖酸钙200~300毫升，静脉注射；并补充维生素，用10%维生素C 30毫升、维生素D_2胶性钙注射液5万~10万单位，肌内注射。

十一、关节捻挫

关节捻挫是关节韧带、关节囊和关节周围组织的非开放性损伤。

1. 发病原因

由于道路不平坦、泥泞路滑、误踏深坑或深沟跌倒而引起。奶牛常发生于产后截瘫的恢复期。

2. 临床诊断

常见挫伤部位有膝关节、肩关节、髋关节。突然跛行，站立时病肢稍向外伸，举步关节怕负重。病情严重者，该病肢前伸或远伸前侧方，蹄浮于地，运步呈昂头点脚，不敢向病侧转弯。被动运动表现出不安与疼痛，关节周围增温、肿胀，关节发生血肿。如果治疗不及时可转为慢性跛行。

3. 治疗

原则为：制止溢血，镇痛消炎，舒筋活血，促进吸收，恢复机能。初期应冷疗，3天后改为温疗，如热敷、红外线照射，或涂擦刺激剂，如碘酊樟脑酒精合剂（5%碘酊20毫升、10%樟脑酒精80毫升）。若怀疑韧带、关节囊、骨骼等损

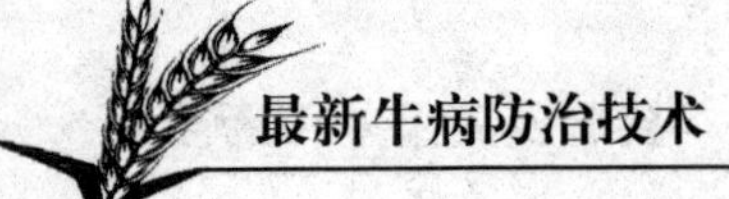

伤，可以内服中成药红花散。慢性病例时应用烧烙法治疗，效果良好。

十二、关节炎

关节炎是牛的关节滑膜层的渗出性炎症，多见于牛的跗关节、膝关节和腕关节。

1. 发病原因

由于外部机械性损伤或挫伤等引起，或由某些传染病（结核、布鲁氏菌病等）继发本病。

2. 临床诊断

因炎症性质和病程不同，发病经过和表现也不一样。一般都有肿胀、疼痛和机能障碍等表现。急性症的初期，关节周围肿胀，有温热，并有显著的疼痛。患肢在负重、举扬或伸展时很困难，且呈现出明显的混合跛行。化脓菌感染时蓄脓，并伴有全身症状。慢性症的表现是关节增大、畸形，活动受到一定的限制，长期跛行。

3. 治疗

治疗原则为：促进炎症消散，防止感染，减轻疼痛。

急性症用盐酸普鲁卡因溶液环状封闭，外加压迫绷带。积液过多时，进行穿刺，将积液排出，同时注入关节腔2.5%醋酸可的松5毫升和青霉素40万单位。按摩关节，外加压迫绷带。慢性症用酒精热绷带或石蜡疗法，或采用强刺激疗法。对化脓性关节炎，应穿刺排脓，用0.1%雷夫诺尔溶液，选用广谱抗生素药物注射于关节囊内。还可采用理疗，如超短波透热疗法或离子透入疗法。

十三、黏液囊炎

1. 发病原因

由于腕前部受到各种机械损伤引起。牛在起卧时，首先将腕前部跪于地面上，当牛舍床地坚硬不平，又缺乏褥草时，容易引起本病。或继发于结核、布鲁氏菌病等。

2. 临床诊断

急性炎症时，腕关节的背部肿胀、增温，有疼痛感。黏液囊内存留炎性渗出物时呈现出大的圆形肿胀。慢性炎症时，腕关节的背部有肿胀、硬固状物，无痛，不妨碍运动。如果浆液大量积聚、纤维素大量增生时，可形成腕前黏液囊，妨碍患肢的正常运动而出现跛行。

3. 治疗

急性炎症时先用冷敷法，后改为温敷法、消肿散、石蜡疗法或刺激疗法。抽出囊内分泌物，注入0.25%盐酸普鲁卡因25毫升和青霉素80万单位。

慢性炎症时可进行黏液囊穿刺，抽出内容物再注入10%硝酸银溶液10～40毫升，经3～4天，用外科刀在黏液囊的下方刺入囊腔，并先向内后向外将囊切开，排除其内容物，按照外科手术方法进行治疗。

4. 预防

牛场应清除不平与硬固的牛床，勤垫褥草，减少发病。

十四、桡神经麻痹

1. 发病原因

多为该部神经受损伤，如横卧保定时对臂骨外踝附近部位过紧的系缚、颠倒、打碰，蹴踢，腋下通过绳索吊起等，均可致桡神经受到损伤。也可继发于其他疾病。

2. 临床诊断

桡神经完全麻痹时，患肢肘关节及肘以下各关节弛缓无力，患肢不能伸展，肩胛上臂角度开张较大，患肢比健肢长6～12厘米。只用蹄尖着地，运动时病肢不能提举伸扬，若人为固定患肢关节，尚能短时间负重站立，同时能抬起对侧健肢。此种麻痹常可在短时间内使肌肉萎缩。

桡神经不完全麻痹时，患肢尚能负重，在站立时，常将患肢伸出于前方或后方。前进时以半屈曲状态前进，步幅短缩。病期延长，能诱发肘肌萎缩。

3. 治疗

对本病尚无特效疗法。局部涂擦四三一合剂，即用樟脑酒精4份、氨擦剂3份、松节油1份制成（氨擦剂由氨水1份、胡麻油4份制成）。还可选用硝酸士的宁溶液0.01～0.05毫升，蒸馏水5.0毫升，局部一次皮下注射，可连续使用，但勿时间太长，以防中毒。也可选用超声波、超短波、低频脉冲电疗及硝酸士的宁电离子透入疗法等。

十五、风湿病

风湿病是常有反复发作的急性或慢性非化脓性炎症。

1. 发病原因

尚未搞清楚，有人认为与链球菌感染有关，有人认为是过敏反应。久卧湿地、汗后受风、夜受风寒、突遭雨淋等因素，均可诱发本病。

2. 临床诊断

病牛往往发病突然，患部肌肉温热、疼痛，强迫运动步样僵硬，步幅短缩，呈现跛行，运动障碍症状随运动的持续而减轻甚至消失，跛行也可由一肢游走至另一肢。关节风湿症呈温热、疼痛、肿大、囊腔积液。全身性风湿症除伴随有体温升高等全身症状外，可见大片肌肉出现疼痛和机能障碍。

3. 治疗

治疗原则：消除病因，抗过敏，消炎镇痛。急性时可用10%水杨酸钠注射液100～300毫升，静脉注射，每日1次，连用5～7天，若能配以0.25%盐酸普鲁卡因溶液，200～300毫升疗效更佳。体温升高者，可加用青霉素和维生素C注射液。若无效时换药，用0.5%地塞米松10毫升，混入5%葡萄糖盐水1 000毫升，静脉注射，局部用热敷法或针灸及电疗等。

十六、犊牛脐炎

脐炎是脐带脉管及周围组织发生的炎症。

1. 发病原因

助产时脐带消毒不严，或产房、犊牛舍、运动场不卫生，或犊牛间相互吮吸脐部而感染。

2. 临床诊断

病犊精神不振，不吮乳，弓腰，不愿行走。触诊其患部有痛感。在脐的中央有如铅笔至手指粗的硬固状物，少数病例呈现体温升高现象。

3. 治疗

将脐部的毛剪光、洗净后，用10%碘酊进行局部消毒。急性肿胀时，可用0.5%盐酸普鲁卡因溶液100毫升，其中加入普鲁卡因青霉素80万单位，在肿块周围皮下进行环状封闭。若病犊出现全身症状，可肌内注射青霉素、链霉素。肿胀已破溃者，实行扩创排脓。未破溃而有波动者，在其外敷鱼石脂软膏使之软化。

4. 预防

接产时应严格消毒脐带，产房要保持卫生、干燥，防止犊牛互舐，对脐部要定期消毒并涂碘酒。

十七、蹄叶炎

蹄叶炎又叫蹄壁真皮炎，是蹄壁真皮的弥散性、无败性炎症。临床特征是疼痛、蹄变形和不同程度的跛行。

1. 发病原因

过多地给予精料和育肥用配合饲料、饲料突变或偷吃精料等引起；在坚硬的路面行走和坚硬的牛床上长时间起卧，蹄底受到剧烈机械性损伤而引起。此外，胎衣不下、子宫内膜炎、化脓性疾患及多发性关节炎等也会继发本病。

2. 临床诊断

本病多取急性经过，病初病牛体温上升至40～41℃，心音亢进，脉搏100次/分以上，呼吸40次/分以上，食欲不佳、乳量下降。急性型严重时，病牛起立和运动都困难，大多呈横卧姿势。轻症病例不爱运动，表现特有的步态和弯背姿势，蹄有热感，叩诊及钳压疼痛，特别是蹄前部明显。

慢性型大多是急性型继发而来的，蹄的疼痛与急性型相比明显减轻，但仍可见步态呈独特的强拘步态，关节肿大，拱背。另外，蹄的形态明显改变，呈典型的“拖鞋蹄”，即背侧缘与地面形成小的角度，蹄扁阔而变长。并发感染时，蹄底角质和真皮组织坏死，蹄轮异常，蹄尖狭窄而蹄踵增宽，蹄尖壁的角质增厚，成为芜蹄。

3. 治疗

（1）急性蹄叶炎。初期静脉放血1 000～2 000毫升，静脉注射5%～7%碳酸氢钠液500～1 000毫升，5%～10%葡萄糖溶液500～1 000毫升。

给予抗组织胺药，如灌服0.5～1.0克苯海拉明，每天1～2次。

给予肾上腺皮质激素，如可的松注射液。

（2）慢性蹄叶炎。除上述疗法外，应重视蹄的温浴，注意修蹄、削蹄，预防形成芜蹄。出现蹄踵或蹄冠狭窄现象时，可锉薄狭窄的蹄壁角质，缓解压迫，并配合装蹄疗法，对芜蹄可做矫形。

4. 预防

首先应加强饲养管理，避免突然多给精饲料；饲料的变换要在10～14天内逐渐进行；育肥饲料中的全纤维量至少也要14%以上，奶牛至少18%以上，保持瘤

胃内环境相对稳定。严禁饲喂发霉、变质的饲料。

十八、蹄糜烂

蹄糜烂是指蹄底和蹄球负面角质的糜烂。常因角质深层组织感染化脓，临床上出现跛行。本病多发于舍饲奶牛。

1. 发病原因

牛舍阴暗潮湿，圈舍、运动场内污物堆积，牛蹄长期于污水、粪尿中浸渍，角质变软，遭细菌感染；蹄底负重不均，蹄形不正，以及患其他蹄病时，可诱发本病；管理不当，未定期进行修蹄均可引发本病。

2. 临床诊断

本病常呈慢性过程，病初无异常。当深部组织感染化脓时，出现跛行。检查蹄底，可发现蹄底磨灭不正，蹄底或球部出现黑色小洞，许多小洞可融合为一个大洞或沟，蹄底常形成潜道，其内充满污灰色、污黑色或黑色液体，具腐臭难闻气味。炎症蔓延到蹄冠、球节时，关节肿胀，皮肤增厚，疼痛明显，运步呈“三脚跳”。化脓后，关节破溃，流出乳酪样脓汁。病牛全身症状严重，体温升高，食欲减退，产乳量下降，消瘦，卧地。

3. 治疗

（1）局部处理。先将患蹄清理干净，修理平正，去除糜烂角质，将黑色腐臭液汁放出。用10%硫酸铜溶液彻底洗净创口，创内涂10%碘酊，填塞松馏油棉球，或放入硫酸铜粉、高锰酸钾粉，固定蹄绷带。

（2）全身疗法。当病牛体温升高时，可用磺胺、抗生素治疗。10%磺胺噻唑钠100～200毫升，静脉注射，每天一次，连续7天；金霉素或四环素，按0.01克/千克体重，静脉注射；5%碳酸氢钠液500～1 000毫升，25%葡萄糖液500毫升，5%葡萄糖盐水1 000毫升，一次静脉注射。对关节炎者，可应用酒精消毒，及时将饲养场内石块、异物清除，减少蹄部外伤和细菌感染；定期修蹄，保护蹄形，防止变形蹄发生；可用4%硫酸铜浴蹄，5～7天一次，长期坚持，以抑制蹄部化脓性微生物的繁殖、侵入，促进蹄角质硬度增加；对已发病牛，积极采取对症治疗，促进尽早痊愈。

十九、变形蹄

变形蹄是指蹄壳生长异常。

1. 发病原因

主要是因为矿物质营养代谢障碍，尤其是钙、磷比例失调所引起。缺乏机械性磨灭，如长期拴饲在软地面或垫厚软稻草的牛舍内，在降雨量少的草地上放牧，也会使角质不易磨灭而过度生长。此外，其他疾病如化脓性关节炎、乳房炎、子宫内膜炎等都可继发变形蹄。

2. 临床诊断

临床上可将变形蹄分为以下几种：

①鸟嘴状指（趾）。背侧壁从蹄球到蹄壳呈凹形，而负重壁呈凸形，蹄形似鹦鹉嘴。

②螺旋形指（趾）。角质粗糙并向内弯曲，早期向轴侧面旋转，蹄较长、窄，比正常弯曲。生长几个月后，轴侧壁弯到蹄底下面，这时可能出现跛行。

③剪刀蹄。俗称拖鞋蹄，二指（趾）过度生长，并彼此交叉在一起，主要出现于慢性蹄叶炎。

④过度生长指（趾）。蹄的长度（包括蹄壁和蹄底）异常伸长，而使背侧面的角度减小（45°），蹄尖向上弯，蹄底和蹄球不能平坦地负重，因此站立不稳。

3. 治疗

目前最实用的方法是修蹄疗法，即根据蹄变形程度进行相应的修正。

4. 预防

①去除病因。如给予合理的饲料配方，有蹄变形遗传因子的牛不能作为种用。

②建立定期的削蹄制度，每年1～2次，可在产后20天和妊娠3个月前，或在出产房时进行。定期削蹄可有效预防本病的发生。

第四节　产科病

一、流产

流产是指由于胎儿或母体异常而导致妊娠的生理过程发生扰乱，或它们之间的正常关系受到破坏而导致的妊娠中断。

1. 发病原因

流产的原因较复杂，除了因传染性疾病引起的以外，大多是饲养管理不当造

成的。非传染性流产的原因主要有以下几点：

（1）胎儿及胎膜异常。包括胎儿畸形或胎儿器官发育异常，胎水过多或过少，胎盘炎，胎盘畸形或发育不全等。

（2）母牛的疾病。大失血或贫血，生殖器官疾病或异常（子宫内膜炎、子宫发育不全、子宫颈炎、阴道炎、黄体发育不良）等。

（3）饲养管理不当。母牛长期饲料不足而过度瘦弱，饲料单纯而缺乏某些维生素和无机盐，饲料腐败或霉败，采食了有毒物质，大量饮用冷水或带有冰碴的水，吞食多量的雪，饲喂不定时而母牛贪食过多等。

（4）机械性损伤。剧烈的跳跃，因地面光滑跌倒，抵撞，蹴踢和挤压，以及粗暴的直肠或阴道检查等。

（5）药物使用不当。使用大量的泻剂（如硫酸镁等）、利尿剂、麻醉剂和其他可引起子宫收缩的药品（如胃肠通等）。

（6）习惯性流产。有的母牛妊娠至一定时期就发生流产，这种习惯性流产多半是由于子宫内膜变性、硬结及瘢痕，子宫发育不全，近亲繁殖或卵巢机能障碍所引起。

2. 临床诊断

流产发生突然，流产前一般没有特殊的症状，或有的在流产前几天有精神倦怠、阵痛起卧、阴门流出胎水、努责等症状。

怀孕1个月内的流产一般是隐性流产，胚胎死亡，被母体吸收，或者在发情时随尿排出体外而未被发现，而牛往往表现为发情周期延长。40天以上的早期怀孕有时仔细观察可以发现有排出胎儿和胎膜。如果发生在怀孕后期，因受损伤程度不同，胎儿多在受损伤后数小时至数天内排出。

3. 防治措施

防治流产的原则：在可能的情况下，制止流产的发生；当不能制止时，应尽快促使死胎排出，以保证母牛及其生殖道的健康不受损害；然后分析流产发生的原因，根据具体原因提出预防方法。及时治疗胎衣不下及其他产后疾病。为防止习惯性流产，可在发生流产前的1个月开始注射黄体酮50～100毫克。加强检疫工作，避免因传染性疾病引起的流产。

二、孕畜截瘫

孕畜截瘫又称产前截瘫，是妊娠末期孕畜既无导致瘫痪的局部因素（如腰、臀部及后肢损伤），又无明显的全身症状，但后肢不能站立的一种疾病。

1. 发病原因

饲养不当，饲料不足，钙、磷等矿物质及维生素缺乏，缺乏运动，以及母牛过早交配或胎儿过大，胎水过多，严重的子宫捻转、腹膜炎、酮血病，后肢肌腱及关节损伤。

2. 临床诊断

一般在分娩前1个月左右逐渐出现运动障碍。最初仅见站立时无力，两后肢频频交换负重，后躯摇晃无力，步态不稳，起立困难，最终卧地不能站立。有时可能因行走不稳而滑倒后发病。

3. 治疗

给予易消化的优质饲料，补足磷酸氢钙或石粉或乳酸钙。药物治疗应以10%葡萄糖酸钙溶液200～500毫升，或10%氯化钙溶液100～300毫升，静脉注射，为了促进钙盐的吸收，每隔5～6天，肌内注射维生素$D_3$10～15毫升，以2～3次为宜。

病牛不能起立时，应多铺垫草，经常翻动牛体，按摩四肢。病牛有站立可能时，为避免滑倒，应将其抬起，可用腹带、充气垫等。

4. 预防

孕牛的饲料中应含有足够的钙、磷等矿物质，精、粗饲料要合理搭配，保证孕牛的营养需要。母牛不能过早交配，应适当运动，冬季舍饲牛应多晒太阳，在产前一个多月保证吃上青草及青干草，预防母牛截瘫效果良好。

三、母牛异常引起的难产

1. 阵缩及努责微弱

分娩时子宫肌及腹肌收缩力弱和时间短，以致不能排出胎儿称为阵缩及努责微弱。

（1）发病原因。母牛年老体弱，饲料不足或品质不良，缺乏运动等可发生本病。胎水过多、双胎妊娠及子宫发育不全等，可继发本病。

（2）临床诊断。母牛已到分娩期，并且有分娩前的表现，但阵缩及努责弱而短，分娩时间长而排不出胎牛，有时分娩现象很不明显。检查阴道时子宫颈完全开张，子宫颈黏液塞已软化，在子宫颈前即可触摸到胎牛。继发性病例的症状

则是已出现正常分娩的阵缩及努责，但未排出胎儿，以后阵缩及努责变为微弱而出现难产。

（3）助产方法。对原发性病例，如果子宫颈完全开张应按助产的一般方法，缓慢地拉出胎牛。当胎牛的胎势、胎向及胎位正常时，可用子宫收缩药，例如催产素注射液100单位，肌内注射。当用子宫收缩药无效、子宫颈开张不全和无法拉出胎牛时，应施行剖宫产术。

对继发性病例，如果是发生在难产之后，即按难产的助产原则，排除原因和拉出胎牛。

2. 阵缩及努责过强

阵缩及努责过强是指子宫肌及腹肌收缩时间长，力量强但间歇短的情况。

（1）发病原因。应用麦角类子宫收缩剂、乙酰胆碱分泌过多及破水过早等，可引起阵缩及努责过强。由于胎势、胎向及胎位不正，胎头过大或产道狭窄等也可引起此病。

（2）临床诊断。分娩时母牛努责强烈，有时过早排出胎水。胎牛无异常时可被迅速排出，但往往发生子宫脱。在胎势、胎向及胎位不正，胎牛过大或产道狭窄时，由于阵缩及努责过强，不仅胎牛易发生窒息，而且易造成子宫或阴道破裂。

（3）助产方法。为了减弱和制止阵缩及努责，简单的方法是缓慢牵遛母牛15分钟左右，或用指端掐其背部皮肤，可收到暂时效果。母牛卧地时宜垫高后躯，必要时也可应用镇静剂，如口服白酒800～1 000毫升。阵缩和努责减弱或停止后，如果因胎牛异常或产道狭窄造成难产的，宜进行助产。

3. 阴门及阴道狭窄

阴门或阴道狭窄，都可妨碍胎牛正常娩出。

发病原因　引起阴门及阴道狭窄的主要原因有：初产母牛阵缩过早，产道组织浆液浸润不足以及阴门和阴道壁弹性不够；助产操作过久，造成阴道壁高度水肿；阴道及阴门有瘢痕和肿瘤。

4. 临床诊断

（1）阴门狭窄。分娩时阴门扩张不大，在强烈努责时，胎牛唇部和蹄尖出现在阴门处而不能通过，外阴部被顶出，但在努责的间歇期外阴部又恢复原状。由于努责过强会引起会阴破裂。

（2）阴道狭窄。阵缩及努责正常，但胎牛久不露出产道。阴道检查时可发现狭窄的部位及其原因，在其前部可摸到胎牛。

5. 助产方法

（1）试行拉出胎牛。首先在阴门黏膜上涂布或向阴道内灌注滑润油或温肥皂液，然后应用产科绳缓慢牵拉胎头及前肢。此时助产者尽量用手扩张阴道，如果有肿瘤，要用手将它推开。

（2）切开狭窄部。如果试拉胎牛无效，应切开阴道狭窄部的阴道黏膜，拉出胎牛后立即缝合。对于阴门或阴道内的较大肿瘤，如果妨碍胎牛产出，须切除或者施行截胎术。

四、胎牛异常引起的难产

难产通常是由于胎牛或母牛异常，造成胎牛和母牛产道不相适应，但常见的难产主要是胎牛本身异常所引起的。对这种难产的处置方法是：

1. 推进胎牛

推进是为了更好地拉出。为了便于推进胎牛，必须向子宫内灌注多量的温肥皂液或石蜡油或清油，然后用手或产科梃抵在胎牛的适当部位，趁母牛不努责时，用力推回胎牛。如果努责过强无法推回时，根据情况可行全身半麻醉后再做适当处理。

2. 矫正胎牛

主要是设法矫正胎牛异常部位。方法是在用手推进胎牛的同时，立即拉正异常部位，或者设法将产科绳套在胎牛的异常部位，在助产者推进胎牛的同时，由助手拉绳矫正。

五、生产瘫痪

生产瘫痪也称产乳热、产后风、乳热症、临床型低血钙症，主要是奶牛产后突然发生的严重缺钙的代谢障碍性疾病。本病以病牛低血钙、知觉丧失、四肢瘫痪、全身肌肉无力为特征。

1. 发病原因

目前有关本病发生原因的解释较多，但病牛血钙水平明显降低及大脑皮质缺氧，与本病的发生最为密切。

2. 临床诊断

多发生于3～6胎的高产母牛。按临床表现，分为典型和非典型两种。

（1）典型的生产瘫痪。多发生在产后12~72小时，病初呈现精神沉郁，食欲减退或废绝，反刍停止，产乳减少。肌肉震颤，站立不稳，口流清涎，头颈下垂，运步失调，体躯摇晃。有的病牛以兴奋开始，狂躁、哞叫，目光凝视。初期症状发生后数小时，就出现瘫痪症状，病牛伏卧，四肢弯曲于胸腹之下，头颈弯向胸腹壁的一侧，即使将头拉直，松开后仍回复原状。不久，病牛昏迷，意识和知觉丧失，瞳孔散大，眼睑反射减弱或消失，针刺皮肤无反应。呼吸深而缓慢，有的病牛体温可降至36℃或35℃。

（2）非典型的生产瘫痪。多发生于产前或分娩后数日以至数周。病牛全身无力，步行不稳。精神沉郁，食欲不振或废绝，反刍和泌乳下降或停止，各种反射减弱。体温一般正常或不低于37℃。其主要特征是病牛卧地时，头颈姿势不自然，由头部至鬐甲呈轻度S形弯曲。

3. 治疗

本病的特效疗法是钙制剂疗法或乳房送风法。

（1）钙制剂疗法。本治疗方案应该请兽医诊断后治疗处理。静脉注射10%葡萄糖酸钙注射液800~1 000毫升，或5%葡萄糖氯化钙注射液600~1 200毫升，也可用20%硼葡萄糖酸钙溶液，可迅速提高血钙浓度，使病牛恢复正常。药用量应根据个体大小、病情轻重、血钙降低程度、心脏状况来选择。注射时一定要监听心脏，不可速度过快。有的病牛在初次治愈后，疗效还不巩固，可能会复发。因此，通常需要在1~2天内注射维持剂量（为突击量的1/3~1/2）。

（2）乳房送风法。用常用的家用打气筒向四个乳头内打气，直至乳房鼓胀、敲打呈鼓音为止，打完气后用胶布封住乳头管口，保持6小时以上，然后拆除胶布。最好在打气前向乳头注射少量抗生素，每个乳头内10毫升，可预防感染。

4. 预防

（1）母牛分娩后的3天内，只要挤够喂犊牛的奶量即可。高产奶牛饲养上采用产前低钙、产后高钙的措施，即在干奶后期，减少豆饼和苜蓿草喂量，最好增加禾本科牧草（如苏丹草、羊草）的量，钙磷比例保持在（1~1.5）：1，每日钙量在100克以下，分娩后钙量增加到125克以上；产前2周，减少高蛋白饲料，并补充维生素A、维生素D，粉剂，或者在饲料中添加阴离子盐，有很好地预防效果。

（2）临产前1周至产后1周，对曾发生过产后瘫痪、难产，年老、体弱、高产和食欲不振的牛加强看护，经检查体温正常者，用糖钙疗法处理。

糖钙疗法有两种。方法1是对临产前母牛，用25%葡萄糖注射液1 000毫升，10%安钠咖注射液30毫升，10%葡萄糖酸钙注射液1 000毫升，静脉注射1～2次。方法2是对产后母牛，在方法1的基础上加上常规量的地塞米松（20毫克）和2%盐酸普鲁卡因30毫升，静脉注射1～2次。

六、产后截瘫

产后截瘫主要包括两种情况，一种的特征是母牛在产后后躯不能直立，这是由于后躯神经受损而引起的；另一种是钙、磷及维生素D不足引起的，和孕牛产前截瘫基本相同。

1. 发病原因

除了“孕畜截瘫”中所述原因外，难产时间过长，或强行拉出胎牛，导致挫伤坐骨神经和闭孔神经，或者发生骨盆韧带及荐骨的损伤，也能引起母牛后肢不能站立。这些情况常发生在分娩过程中，但在产后才出现临床症状。

2. 临床诊断

产后截瘫和产前截瘫的症状相同，病牛全身状态基本正常，分娩后体温、呼吸、脉搏、食欲和反刍等均无明显异常，但不能站立。即使抬起病牛也不能站立，尤其表现为后躯无力。针刺后躯各部反应均正常。

3. 防治措施

产后截瘫的治疗与产前截瘫基本相同。临床实践证明，配合用针灸或电针百会、肾俞、肾棚、环跳、大胯、小胯、汗沟及邪气等穴，同时穴位注射维生素$B_1$200毫克，有一定疗效。一般此病发生后治疗比较麻烦，而且治愈率不高。难产时不能强行拉出胎牛。要防止由于地面光滑而摔倒，造成母牛韧带和神经的损伤。并尽量预防此病的发生。

七、阴道脱出

阴道的一部分或全部脱出于阴门之外，称为阴道脱出。本病以奶牛多见，多发生于怀孕的后期，以年老体弱的母牛发病率较高。

1. 发病原因

妊娠母牛年老经产，衰弱，缺乏钙、磷等矿物质，运动不足，常导致骨盆韧带及其邻近组织松弛，阴道腔扩张，壁松软，腹腔压力增大，可引起阴道脱出。

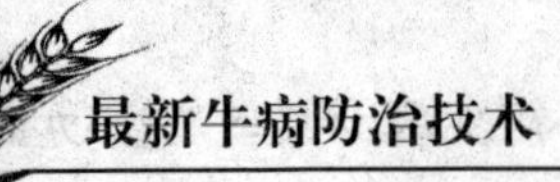

此外，怀孕后期，胎盘分泌过多雌激素，或卵巢囊肿时产生大量雌激素，可使骨盆内固定阴道的组织和韧带松弛。产后怒责过强也可继发本病。

2. 临床诊断

阴道部分脱出时，母牛卧地时可见到有一鹅蛋或拳头大的粉红色瘤状物夹在两侧阴唇之中，或露出于阴门之外，站立时缓慢自行缩回。若病因未除，加上母牛持续努责，则继发阴道完全脱出。母牛每到怀孕后期均发生此病者，称为习惯性阴道脱出。

阴道完全脱出时，可看到形如排球至篮球大小的球状物突出于阴门外，站立后，脱出部分不能缩回。有的病牛，甚至膀胱也通过尿道外口向外翻出来。病牛常表现不安、拱背、努责，时做排尿姿势。脱出的阴道呈粉红色，时间较久因淤血而逐步成为紫红色肉冻状，表面常有污染的粪土，进而出血、干裂、结痂、糜烂等，可能引起直肠脱出、胎牛死亡和流产。

3. 治疗

发生此病要请兽医及时整复处理并且对症治疗。

（1）保守疗法。对站起后能自行恢复的阴道部分脱出，特别是快要生产的病牛，治疗时首先是防止脱出的部分继续扩大和受到损伤，这种病牛分娩后多能自愈。对患牛站起后不能自行缩回的阴道部分脱出和全部脱出，则应及时整复，并加以固定。

（2）手术疗法。适用于阴道完全脱出和不能自行缩回的部分脱出。整复前先使牛处于前低后高的态势，在牛床的可在后部垫草袋等物以抬高牛后躯。对脱出的部分进行清洗消毒，切忌动作粗鲁引起损伤，对出现水肿淤血者，事先加以处理，如有破口须用肠线缝合。整复送回前可先戴长臂塑料手套，用消毒纱布托起阴道，先从靠近阴户侧开始推送，直至完全整复。如努责强烈，妨碍整复，应先在荐尾间隙硬膜外麻醉，注意对孕牛子宫颈内黏液塞的保护，以免遭到破坏和污染。

为了防止阴道再次脱出，整复之后都应加以固定。

4. 预防

对妊娠母牛加强饲养管理，舍饲牛要适当增加运动，病牛少喂容积过大的粗饲料，给予容易消化的饲料。及时防治便秘、腹泻、瘤胃臌气等病。

八、子宫套叠及完全脱出

子宫的一部分或全部翻转，脱出于阴道内或阴道外，称为子宫脱。根据脱出程度可分为子宫套叠及完全脱出两种，通常发生于产后数小时内。

1. 发病原因

孕牛饲养不良、运动不足、瘦弱或为经产老龄母牛，以及胎牛过大、胎水过多、子宫弛缓，均可引发本病。助产时产道干燥而迅速拉出胎牛，或胎衣不下时胎衣上坠以重物或翻拉胎衣，或产后强烈努责，都易发生本病。

2. 临床诊断

子宫套叠时，从外表不易发现。母牛产后表现不安、努责、举尾等类似腹痛的症状。阴道检查可发现子宫角套叠于子宫或阴道内，不能复原时，易发生粘连和顽固性子宫内膜炎，导致不孕。

子宫完全脱出时，从阴门脱出长椭圆形的袋状物，往往下垂到跗关节上方。脱出的子宫表面有鲜红色乃至紫红色的散在疙瘩状母体胎盘，且多被粪土污染和摩擦出血。时间一久，脱出的子宫易发生淤血和水肿，受损伤及感染时可继发大出血和败血症。

3. 治疗

治疗时要及时请兽医整复还纳子宫以及对症治疗，以避免不必要的损失。尤其是在寒冷的冬季和炎热的夏季，如果不及时处理，病牛都会被淘汰。

（1）子宫套叠。必须立即整复。使牛后躯处于前低后高体位，术者手上涂润滑油后，伸入阴道及子宫内，轻轻向前推压套叠部分，必要时将并拢的手指伸入套叠部的凹陷内，左右摇动向前推进，常可使其复原。有时用生理盐水或0.1%高锰酸钾液灌注子宫，借水的压力可使子宫角复原，但灌进的液体应及时排出。

（2）完全脱出。病牛宜垫高后躯，用0.1%高锰酸钾液洗净脱出子宫，并用2%明矾水洗涤和浸泡，然后涂上碘甘油，子宫黏膜有创口时应缝合。

整复时由助手用大毛巾或塑料布将子宫托至与阴门同高。术者用纱布包住拳头或戴一次性塑料长臂手套，顶住子宫角的末端，趁母牛不努责时，小心向阴道内推送。也可从子宫角基部开始，用两手从阴门两侧一部分一部分地向阴道内推送，在换手时，助手应压住已推入的部分。当子宫已送入阴道后，必须用手将它推到腹腔，使之复位。如果母牛努责强烈影响整复，须行荐尾间隙硬膜外麻醉或全身浅麻醉，整复后向子宫内投入抗生素，肌内注射促进子宫收缩的药物，如催产素等，同时进行对症治疗，强心补液。整复后将母牛系于前低后高的地面上，注意看护。如母牛仍有努责，为了防止重新脱出，可在阴门上角至中部做2～3个圆枕缝合，或在阴门周围进行袋口缝合。2～3天后母牛不努责时，便可拆线。

脱出子宫发生破裂、大面积损伤或发生坏死时，为了挽救母牛生命，可施行子宫截除术。

4. 预防

孕牛要适当运动，提供合适的营养，临产前和产后对瘦弱和经产老龄母牛要补糖补钙。助产时要进行产道的润滑，并且按照助产原则进行操作，妥善处理胎衣不下。

九、子宫复旧不全

分娩后，子宫恢复至未孕状态的时间延长，即为子宫复旧不全或子宫弛缓。

1. 发病原因

年老，体弱，肥胖，运动不足，胎牛过大，胎水过多，多胎怀孕，难产时间过长等，均可引起本病。胎衣不下及产后子宫内膜炎常继发本病。

2. 临床诊断

产后恶露排出时间大为延长（超过20天），产后第一次发情的时间也延迟，开始发情时，配种不易受孕。病牛全身状况一般无异常，有时体温略升高，精神不振，食欲及产奶量稍减。阴道检查可见子宫颈弛缓、开张，产后14天还能通过1～2指。直肠检查可见子宫体积较产后期的要大，子宫下垂，壁厚而软，收缩反应微弱；若子宫腔内留存有大量液体，触诊可有波动感；有的还可摸到未完全萎缩的母体子叶。常继发慢性子宫内膜炎。

3. 治疗

应增强子宫收缩，促使恶露排出，防止发生慢性子宫内膜炎。可肌内注射催产素、雌激素，促进子宫收缩，然后用40～42℃的10%盐水冲洗子宫，可以增强子宫收缩。冲洗液量应根据子宫大小来确定，不可过多，反复冲洗2～3次，尽量导出冲洗液后灌入抗生素。

4. 预防

保证产后母牛的适当运动，加强营养，合理助产。预防胎衣不下及产后子宫内膜炎的发生。

十、胎衣不下

母牛分娩后，经过12小时仍不排出胎衣，即为胎衣不下或胎衣滞留。正常情况下，胎衣排出的时间奶牛一般为4～6小时，水牛一般为4～5小时，黄牛一般为3～5小时。胎衣不下易引起子宫内膜炎和子宫复旧延迟，导致不孕，给养牛业造成极大的经济损失。

1. 发病原因

引起胎衣不下的原因很多，主要与产后子宫无力，胎盘未成熟或老化，胎盘充血和水肿，胎盘炎症以及牛的胎盘构造等有关。

2. 临床诊断

胎衣不下分为部分不下和全部不下。

（1）胎衣部分不下。胎衣的大部分已排出，只有一部分或个别胎牛的胎盘留在子宫内，如不仔细检查排出的胎衣，往往不易察觉。但几天后，腐败的胎衣碎片和恶露一同排出来，并且恶露排出时间延长，有臭味。大多数胎衣部分不下的病例并发黏液脓性子宫内膜炎。

（2）胎衣全部不下。整个胎衣未排出来，只见部分已分离的胎衣悬吊于阴门外。露出的部分呈土红色，表面有许多大小不等的子叶。严重子宫弛缓时，全部胎衣可能都滞留在子宫内，有时悬垂于阴门外的胎衣可能断离，阴道检查才能发现子宫内滞留的胎衣。

3. 治疗

产后10小时胎衣不下即可处理，夏季可在产后7小时处理，其治疗原则是抑菌、消炎，促使胎衣排出。

（1）促进子宫收缩。肌内注射催产素（缩宫素）100单位，在产后6～12小时注射。

（2）10%葡萄糖酸钙与25%葡萄糖各500毫升，氢化可的松125～150毫克，静脉注射。

（3）子宫内注入10%高渗盐水1 000毫升，促进子宫收缩。土霉素2克，溶于生理盐水250毫升中，一次灌入子宫，隔日一次，常于5～7天后胎衣自行分解

脱落。或者向子宫投入土霉素15～20片。

4. 预防

（1）供应平衡日粮，适当运动，保证充足的光照。

（2）加强兽医消毒卫生，临产牛自然分娩时避免各种应激，助产应严格消毒，凡有流产发生，应查明原因。

（3）补糖补钙。对高产、老龄、有胎衣不下病史的母牛，在产前3～5天，用20%葡萄糖酸钙与25%葡萄糖各500毫升，静脉注射，隔日一次。

（4）产后肌内注射催产素100单位，产后6小时内使用，与雌激素共用有协同作用。

（5）肌内注射亚硒酸钠维生素E，预产前15天、30天，可使用亚硒酸钠10毫克、维生素E 5 000单位，一次肌内注射。产前7天开始，肌内注射维生素AD注射液100毫升，每日一次，直到分娩。

（6）产前2小时静注10%葡萄糖酸钙500毫升可促使胎衣脱落。

（7）当分娩破水时，可接取胎水300～500毫升，于分娩后立即灌服，可促使子宫收缩，加快胎衣排出。

十一、乳房水肿（乳房浮肿）

乳房水肿（乳房浮肿）是乳房的浆液性水肿，特征是乳腺间质组织液体过量蓄积。奶牛多发，尤其第一胎及高产奶牛发病较多。

1. 发病原因

尚不明了，已证实乳房水肿与乳静脉血压显著升高、乳房血流量减少有关。此外，血浆雌激素与孕激素含量，摄入过量的钾，低镁血症等也与本病有关。

2. 临床诊断

一般是整个乳房的皮下及间质发生水肿，以乳房下半部较为明显。也有水肿局限于两个乳区或一个乳区的。皮肤发红光亮，无热无痛，指压留痕，形如在生面团上指压所留痕迹。严重的水肿可波及乳房基底前缘、下腹、胸下、四肢和阴门。

根据病史和症状不难诊断，但需与乳房血肿、腹部疝、乳房炎进行鉴别。

3. 治疗

没有特效疗法，病程长和严重的病例需用药物治疗，主要是使用强心利尿剂。速尿（呋喃苯胺酸）500毫克，10%安钠咖注射液20～30毫升，肌内注射。

4. 预防

产前乳房出现的肿胀一般在产后7～10天逐渐消肿，不需治疗。可以适当增加运动，每天3次按摩乳房和冷热水擦洗，减少精料和多汁饲料，适量减少饮水等。对于初产牛产前3周可以适当减少食盐的摄入量，这些措施都有助于水肿的消退。

此病易发生于头胎牛，若在寒冷的冬季发生乳房浮肿，易造成乳头末梢冻伤，从而导致乳房炎。因此，冬季发生乳房浮肿时要特别注意保暖。

十二、乳房炎

乳房炎是由各种病因引起的乳房的炎症，其主要特点是乳汁发生理化性质及细菌学变化，乳腺组织发生病理学变化。此病主要发生于泌乳奶牛，是奶牛业常见的四大疾病之一，会造成很大的经济损失。

1. 发病原因

本病主要是由于病原菌侵入乳房而引起。母牛饲养管理不当，挤奶方法不对，乳头皮肤及其黏膜损伤，挤奶时不注意清洁卫生，用机器挤奶时没有按照挤奶操作规程进行操作，母牛生殖道患病，渗出物污染乳头等，均可引发本病。尤其是产后母牛在寒冷、不良的饲养管理等因素作用下，容易发生乳房炎。

2. 临床诊断

（1）临床型乳房炎。乳房出现红、肿、热、痛、机能障碍的炎症症状。患病乳房肿胀，坚硬、增温；乳房的机能障碍突出地表现为乳汁量及质的变化，即乳汁减少或消失；乳汁稀薄，含有絮状物、凝块或脓汁。若不及时治疗，可能转成慢性乳房炎。热痛消失，体积缩小变硬，乳头基部常形成结节，仅能挤出少量乳汁或完全停奶，造成乳头损坏，俗称“瞎乳头”。病牛有时出现精神沉郁、食欲减退、体温升高等全身症状，患侧后肢步态异常。

（2）隐性乳房炎。乳房和乳汁均无肉眼可见的变化，但引起产奶量减少，奶品质下降，往往会转变为临床型乳房炎。

（3）慢性乳房炎。本病通常由于急性乳房炎没有及时处理，或由于持续感染而使乳腺组织渐进性发炎而引起。一般临床症状不明显，全身情况也无异常，但产奶量下降。可发展成临床型乳房炎，反复发作也可导致乳腺组织纤维

化，乳房萎缩。这类乳房炎治疗价值不大，可能成为牛群中的感染源，宜及早淘汰病牛。

3. 治疗

乳房炎的治疗主要是针对临床型乳房炎，对隐性乳房炎则主要是控制和预防，对慢性乳房炎以淘汰为主。抗生素仍是治疗乳房炎的首选药物，其次是磺胺类药，要注意药物注射后的弃奶期。乳房炎越早治疗效果越好。

（1）全身抗生素疗法。对所有出现全身反应的乳房炎，应该采用全身抗生素疗法。乳房严重肿胀，难以进行乳房内灌注时也可采用全身抗生素疗法。采用全身抗生素疗法时，可采用大剂量抗生素，其药品及每千克体重的剂量如下：土霉素10毫克，泰乐霉素或红霉素12.5毫克，磺胺二甲嘧啶200克。其中土霉素及泰乐霉素由于抗菌谱广、扩散能力强而效果很好。

（2）乳房灌注疗法。乳房灌注疗法方便有效，为了使药物在乳房内停留的时间尽可能长些，可在挤奶之后进行灌注。泌乳奶牛常用的灌注药物及剂量为：青霉素160万单位和链霉素80万单位，土霉素200～400毫克，金霉素200毫克，螺旋霉素250毫克。药物溶解后用注射器借乳导管或通乳针进入乳头管2厘米即可注入，一定要严格消毒，杜绝将细菌、真菌等引入乳区，最好一个乳区用一个通乳针，避免交叉感染。最后按摩乳头基部和乳房，每日2次，连续2～4天。

（3）干奶牛疗法。对慢性乳房炎可在干奶期治疗，其疗效高于泌乳期，而且没有奶的丢弃等损失。建议在最后一次挤奶或在干奶期起始或终末时采用长效抗菌素灌注乳房，或选用干奶针乳区注入。此外，干奶期治疗也是预防乳房炎十分重要的措施之一。

（4）中药疗法。常用方剂有金蒲汤和公英地丁汤。

金蒲汤：金银花80克，蒲公英90克，连苕30克，紫花地丁80克，陈皮40克，青皮40克，甘草30克，白酒为引，水煎去渣，取汁内服，每日一剂。

公英地丁汤：蒲公英150克，地丁150克，金银花80克，连翘70克，乳香50克，没药50克，青皮50克，当归50克，川芎30克，通草40克，红花40克，水煎灌服，每日一剂。

4. 预防

乳房炎是一种传染性疾病，其发生不仅与病原菌的侵入、繁殖有关，而且受多种因素影响，如环境卫生的好坏，管理制度是否健全，以及挤奶人员的操作手法优劣等。只有制定比较合理的预防措施，长期坚持，才能将乳房炎的发病率控制在最低限度。现归纳如下：

（1）挤奶卫生。保持优良的环境与牛体清洁是防治措施的关键。母牛要整体清洁，尤其是乳房要清洁、干燥，乳头在套上挤奶杯前，用最少量的水冲洗，用纸巾清洁和擦干。

（2）乳头浸浴。乳头药浴是控制奶牛乳房炎的主要措施之一，它在一定程度上可以减少环境等的感染。在每次挤奶前、后各进行一次，浸液的量不要多，但要能浸没整个乳头。药浴液要经常更换，药浴杯要防止致病菌污染。

（3）干奶期预防。在泌乳期末，每头母牛的所有乳区都要应用长效抗生素（或专用干奶药物），注入药物之前要清洁乳头，乳头末端不能有感染。

（4）淘汰慢性乳房炎病牛。这些病牛不仅产奶量低，而且从牛乳中不断排出病原微生物，已成为感染源。

（5）定期检查挤奶机的性能。要保持挤奶机的真空稳定性和正常的脉动频率，保持挤奶杯的清洁，定期对挤奶机进行维修与保养，及时更换易损坏的挤奶杯"衬里"。总之，乳房炎是在环境、微生物和牛体三者所构成的连锁环作用下发生的，缺一不可。其中以环境因素更为重要，可通过及时清扫牛舍，牛床铺上沙子、锯末或垫草，运动场设排水设施，及时排除污水，保持干燥，给牛提供一个舒适、干净的环境。定期进行环境消毒，杀灭致病微生物。也能通过加强饲养管理，日粮中添加亚硒酸钠—维生素E和维生素A，使奶牛机体健康、强壮，以提高奶牛对病原体感染的抵抗力，从而最大限度地降低乳房炎的发病率。乳房炎的预防只能采取综合防治措施才有效。而综合措施的实施也必须要天天进行，持之以恒。

十三、酒精阳性乳

酒精阳性乳是指新挤出的牛奶在20℃下与等量的70%（68%～72%）酒精混合，轻轻摇晃，产生细微颗粒或絮状凝块的乳的总称。根据酸度差异分为高酸度酒精阳性乳和低酸度酒精阳性乳。酒精阳性乳列为生化异常乳，为不合格乳，给牛奶业造成较大经济损失。

1. 发病原因

目前尚不完全清楚，低酸度酒精阳性乳可能与日粮中蛋白质含量过高、饲料发霉变质、饲料中缺乏无机盐、气温异常变化、应激反应等有关。

2. 临床诊断

患酒精阳性乳的病牛精神、食欲正常，乳房、乳汁无肉眼可见的变化，仅乳汁酒精试验呈阳性反应。持续时间短的3～5天，长的7～10天，有的可自行转为阴性，有的可持续1～3个月，或者反复出现。

3. 治疗

原则是调节机体全身代谢，解毒保肝，改善乳腺机能。

（1）内服柠檬酸钠150克，连服7天；磷酸二氢钠40～70克，每日1次，连服7～10天；丙酸钠150克每日1次，连服7～10天。

（2）静脉注射10%氯化钠液500毫升，5%碳酸氢钠液500毫升，5%～10%葡萄糖注射液500毫升。

（3）挤奶后给乳房注入0.1%柠檬酸液50毫升，每日1～2次；或者注入1%苏打液50毫升，每日2～3次；内服碘化钾8～10克，每日1次，连服3～5天。

4. 预防

日粮要平衡，精粗料比例合适。在泌乳各阶段，饲料多样化，尽量保证维生素、矿物质和食盐等的供应，添加微量元素或应用舔砖。做好饲草料的储存保管工作，避免饲喂发霉变质饲料。尤其在气温骤降或高温高湿情况下，做好保温和防暑工作。如果是高酸度酒精阳性乳，要分析原因，进行规范化的挤奶操作，严格清洗贮奶罐，按要求做好牛奶的贮存和运输工作。

十四、卵巢机能减退

卵巢机能减退是卵巢的机能暂时受到扰乱，以致出现不完全发情周期；或者处于静止状态，不出现发情的现象。

1. 发病原因

本病常常是由于子宫疾病、全身性的严重疾病以及饲养管理不当（长期饥饿、哺乳过度），使身体乏弱所致。此外，卵巢炎、母牛过早衰老也可引起本病。

2. 临床诊断

根据卵泡发育及发情表现情况，卵巢机能减退可有以下几种类型，其症状各不相同。

（1）卵泡发育异常。母牛出现发情延迟或发情延长，卵巢中有成熟卵泡，但不排卵或经过数日后才可能排卵，呈现排卵延迟。发情正常或微弱或延长，卵巢中有停滞于不同发育阶段的卵泡，并逐渐缩小，发生卵泡萎缩。有的卵泡交替发育。有的不发情或发情微弱，在一侧或两侧卵巢中有两个或几个小卵泡，出现多卵泡发育的卵泡。

（2）静默发情。又称为隐性发情。卵巢有卵泡发育，并能成熟排卵，但母牛无发情的外在表现。

（3）卵巢静止。卵巢机能受到扰乱，处于静止状态。母牛不发情，卵巢大小正常，有弹性，无卵泡或黄体。

（4）卵巢萎缩。母牛久不发情，卵巢缩小并稍变硬，无卵泡和黄体，卵巢缩小如手指头大。随着卵巢组织的萎缩，子宫往往也萎缩。

3. 治疗

通常采用激素疗法，效果较好。

（1）促性腺激素释放激素（GnRH）类似物。用于治疗牛卵巢静止和排卵迟延，肌内注射200～400微克，每天1次，可连续2～3天。卵巢静止的牛，一般在用药后1个月内恢复正常发情；排卵迟延的牛，一般于用药后6～12小时排卵。

（2）垂体促卵泡素（FSH）。具有促使卵泡发育、成熟的作用。牛肌内注射100～200单位，隔日1次，连用2～3次，至出现发情为止。适用于卵巢静止、卵泡发育停滞、卵泡交替发育和萎缩等症。

（3）垂体促黄体素（LH）。当卵泡发育接近成熟或已成熟，而排卵延迟或不排卵时，每次肌内注射100～200单位，可促其排卵。

（4）绒毛膜促性腺激素（HCG）。治疗卵巢静止或卵巢萎缩，静脉注射2 500～5 000单位，或肌内注射1万～2万单位，隔7天检查1次。有黄体时，再注射前列腺素，发情后就可以配种。对于近成熟或已成熟的卵泡不排卵，或卵泡交替发育时，一次肌内注射4 000～5 000单位，有良好效果。有少数病例重复注射可能发生过敏反应，应慎用。

（5）孕马血清。肌内注射1 000～2 000单位，其主要作用类似于促卵泡素。

4. 预防

加强饲养管理，利用公牛进行催情，改善饲养环境，做好防寒保暖工作。

十五、卵巢囊肿

卵巢囊肿是指卵巢上有卵泡状结构，其直径超过2.5厘米，存在的时间在10

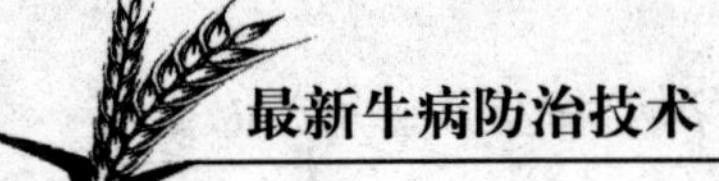

天以上，同时卵巢上无正常黄体结构的一种病理状态。本病一般可分为卵泡囊肿和黄体囊肿。特征是慕雄狂或不发情。

1. 发病原因

尚不完全清楚。与围产期的应激因素有关，在双胎分娩、胎衣不下、子宫炎及产后瘫痪的病牛中，卵巢囊肿发病率高。饲养不当，饲料中缺乏维生素A或含有大量雌激素时，发病率高。

2. 临床诊断

卵泡囊肿病牛的性行为有明显变化。发情周期之间的间隔变短而且不规则，而且发情期延长，或者出现持续而强烈的发情现象，称为慕雄狂。病牛极度不安，大声哞叫，食欲减退，频繁排尿，经常追逐或爬跨其他母牛，但拒绝其他牛的爬跨。病牛性情凶恶，有时攻击人畜。直肠检查时通常可发现卵巢增大，在卵巢上有1个或2个以上的大囊肿，略带波动，也可用B超检查。

黄体囊肿的主要表现是母牛不发情。直肠检查时，卵巢体积增大，可摸到带有波动的囊肿，也可用B超检查。为了鉴别诊断，可间隔7～10天进行复查，如超过一个发情期以上没有变化，母牛仍不发情，可以确诊。

3. 治疗

（1）垂体促黄体素（LH）。无论卵泡囊肿还是黄体囊肿，1次肌内注射200～400单位，一般3～6天后囊肿症状消失，形成黄体，15～30天恢复正常发情周期。如用药1周后未见好转，可第二次用药，剂量比第一次稍增大。

（2）促性腺激素释放激素（GnRH）类似物。每次肌内注射200～600微克促排2号或3号，每日1次，可连用1～4次，但总量不得超过3 000微克，一般在用药后15～30天内，囊肿逐渐消失而恢复正常排卵。经GnRH治疗后，囊肿通常发生黄体化，后与正常黄体一样发生退化。因此，同时可用前列腺素类似物（如氯前列烯醇）进行治疗，促使黄体尽快萎缩消退。

（3）绒毛膜促性腺激素（CG）。静脉注射2 500～3 000单位或肌内注射5 000～10 000单位，溶于5毫升蒸馏水中。

（4）孕酮（P4）。每天50～100毫克黄体酮，连用14天，可以使病牛恢复发情周期，但预后的受胎率比用GnRH治疗低。

4. 预防

（1）选育。选择后代发病率低的公牛配种，多次发生卵巢囊肿的母牛的后代最好不再用做繁殖。

（2）激素预防。在牛产后12～14天肌内注射促性腺激素释放激素（GnRH），防止卵巢囊肿效果较好。

十六、持久黄体

怀孕黄体或周期性黄体超过正常时限仍继续保持功能，称持久黄体。由于持久黄体持续分泌孕激素，抑制卵泡的发育，致使母牛久不发情，引起母牛不孕。

1. 发病原因

本病多见于高产母牛。高产母牛因营养物质消耗过大而引起卵巢机能减退、胎衣不下及子宫内膜炎等，可影响黄体的吸收，或使胚胎早期死亡进而发生持久黄体。此外，母牛日粮配合不平衡，特别是在矿物质、维生素A、维生素E不足或缺乏的条件下易发生此病。

2. 临床诊断

母牛性周期停滞，长期不发情，外阴皱缩，阴道壁黏膜苍白，多无阴道分泌物流出。直肠检查可触到一侧或两侧卵巢表面有一个或数个黄体，黄体一部分明显突出于卵巢表面，比卵巢实质稍硬。间隔5～7天进行两次直肠检查，卵巢上黄体位置、大小、形状及硬度均无变化，一般发生于一侧卵巢，而另一侧卵巢常呈静止状态。子宫内不见妊娠，即可确诊为持久黄体。但为了与怀孕黄体加以区别，必须仔细检查子宫。

3. 治疗

溶解持久黄体，可使用前列腺素（PG）及其合成类似物。氯前列烯醇0.4～0.6毫克，肌内注射，必要时隔7～10天再行注射。氯前列烯醇阴唇黏膜下注射或直接注入子宫效果更佳，用量为肌内注射的一半。伴发子宫疾病的应该同步治疗。用胎盘组织液20毫升，一次皮下注射，4次为一个疗程，每次间隔5天。

4. 预防

（1）为了促使黄体自行消退，必须根据具体情况改进饲养管理，供应平衡日粮，对于高产奶牛尽快缓解产后能量负平衡，必要时可添加过瘤胃脂肪。

（2）舍饲牛加强运动，高产奶牛要供应充足的矿物元素和维生素A、维生素E。

（3）高产奶牛分娩后，要提供优质干草，促进食欲，提高干物质的采食量。

（4）加强对产后母牛的健康检查，发现子宫疾病（如子宫内膜炎、子宫内积液或积脓、产后子宫复旧不全、子宫内有死胎或肿瘤等），应及时采取适当的治疗措施。

十七、慢性子宫内膜炎

慢性子宫内膜炎是子宫黏膜慢性发炎，是母牛不育的重要原因之一。

1. 发病原因

慢性子宫内膜炎主要是由分娩、助产、人工授精时消毒不严格或操作不慎，使子宫黏膜受到损伤或者感染引起的。此外，异常分娩，如流产、胎衣不下、早产、双胎、难产以及子宫的其他疾病，如子宫炎、子宫积脓、产道损伤、布氏杆菌病等疾病往往并发子宫内膜炎。

2. 临床诊断

慢性子宫内膜炎根据炎症性质不同，按症状可分为以下四种类型：

（1）隐性子宫内膜炎。不表现临床症状，子宫无肉眼可见的变化，直肠检查及阴道检查也查不出任何异常变化，发情期正常，但屡配不孕。发情时子宫排出的分泌物较多，有时分泌物不清亮透明，略微混浊。

（2）慢性卡他性子宫内膜炎。从子宫及阴道中常排出一些黏稠浑浊的黏液，子宫黏膜松软肥厚，有时甚至发生溃疡和结缔组织增生，而且个别的子宫腺可形成小的囊肿。此类病牛一般不表现全身症状，有时体温稍微升高，食欲和产奶量略微降低。发情周期正常，有时也可受到扰乱；有时发情周期虽然正常，但屡配不孕，或者发生早期胚胎死亡现象。

（3）慢性卡他性脓性子宫内膜炎。病牛往往有精神不振、食欲减少、逐渐消瘦、体温略高等轻微的全身症状。发情周期不正常，阴门中经常排出灰白色或黄褐色的稀薄脓液或黏稠脓状分泌物。

（4）慢性脓性子宫内膜炎。阴门中经常排出稠脓状分泌物，在卧下时排出较多。排出物污染尾根及后躯，形成干痂。病牛可能消瘦和贫血。

5. 治疗

治疗原则是抗菌消炎，促进炎性产物的排出和子宫机能的恢复。

（1）子宫内给药。由于引起慢性子宫内膜炎的病原复杂，多为混合感染，可选用广谱抗菌药物，如庆大霉素、卡那霉素、红霉素、恩诺沙星等。当子宫颈口尚未完全关闭时，可直接将药物1~2克投入子宫，或用30~50毫升生理盐水溶解，做成溶液或混悬液，然后用一次性细管输精枪外套或一次性子宫冲洗管（外管长50厘米，内管长70厘米）或颗粒输精枪（应消毒），用直肠把握法通过子宫颈送入子宫，向子宫注入药液，每隔1日1次，一般3~5次。也可选用溶解度低、吸收缓慢的抗菌药物，如宫复康或宫得康等。慢性子宫内膜炎不提倡冲洗子宫。

（2）激素疗法。子宫内膜炎多数伴发持久黄体时，可肌内注射氯前列烯醇0.4~0.6毫克，以促进炎症产物的排出和子宫功能的恢复。如果子宫颈口未开张，可先注射雌激素20~40毫克，每隔4~6小时后注射催产素2~3次，每次40~100单位，可促进子宫颈开张，促使炎症产物排出。等炎性分泌物大部分排出后，再向子宫内注射清宫药物或抗菌素，可以收到更好的效果。

6. 预防

在进行人工授精和助产时要严格消毒，对异常分娩和子宫疾病要立即实施有效的治疗，以减少慢性子宫内膜炎的发生。

第五节　中毒病

一、有机磷农药中毒

有机磷农药中毒是家畜接触、吸入或采食某种有机磷制剂所导致的病理过程，以机体的胆碱酯酶活性受抑制、导致神经机能紊乱为特征。

1. 发病原因

有机磷农药种类繁多，常用的有：对硫磷、内吸磷，为剧毒类；敌敌畏、乐果，为强毒类；敌百虫、马拉硫磷，为弱毒类。引起中毒的常见原因有：违反保管和使用农药的安全操作规程，使牛接触或食入而发病；农药污染饲料或饮水，使牛致病；驱除体外寄生虫时，应用有机磷过量而发生中毒；人为的投毒活动等。

2. 临床诊断

病牛有接触有机磷农药史。突然发病，狂躁不安，食欲、反刍停止；流涎，流鼻涕，口吐白沫，呻吟；皮肤及肢端末梢发凉，出冷汗；排出带血稀便，腹泻

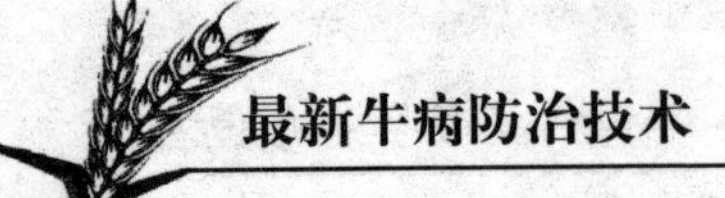

呈淡红色、褐色水样；结膜发绀，瞳孔缩小，眼球震颤；面部、眼睑及全身肌肉震颤，步态强拘，共济失调；心跳加快，脉率增速，呼吸困难，最后因呼吸肌麻痹而导致窒息死亡。

3. 治疗

（1）阿托品，剂量为10～50毫克，将此剂量的1/3制成2%溶液，缓慢静脉注射，其余量进行肌内注射。如果症状不见减轻，可每隔4～5小时重复注射，持续24～48小时，对重病效果较好。

（2）双解磷，剂量为每千克体重10～20毫克，皮下或腹腔注射。

（3）解磷定（碘磷定），剂量为每千克体重50～100毫克，一次静脉注射。

（4）双复磷，首次剂量为3～6克，静脉或肌内注射，以后每2小时注射一次，剂量减半。

在治疗中，如将上述特效解毒药中之一与阿托品联合使用，能大大提高治疗效果。

4. 预防

加强农药保管。农药应有专库存放、专人专管。拌过农药的种子妥善保管；盛农药器具妥善处理，防止污染饲料、饮水。普及和深化有关使用农药和预防中毒的知识，以推动群众性的预防工作。使用农药来驱除家畜体寄生虫时，可由兽医人员负责，以防发生意外的中毒事故。

二、硝酸盐与亚硝酸盐中毒

硝酸盐与亚硝酸盐中毒是牛摄入过量含有硝酸盐的饲草与饲料所引起的中毒性疾病。其临床特征是皮肤、黏膜发绀，呼吸困难及其他缺氧综合征。

1. 发病原因

过量饲喂富含硝酸盐的饲草、饲料，如苜蓿、甜菜叶、甘薯藤、芜菁叶、白菜、菠菜、燕麦草、草莓叶以及燕麦、高粱、玉米和黑麦芽。特别是在饲喂前贮存、调制不当，或采食后在瘤胃微生物的作用下，形成亚硝酸盐引起中毒。

2. 临床诊断

通常在采食后1～5小时发病。病牛流涎，腹痛，腹泻，甚至呕吐。呼吸困难，气喘，呼吸加快，肌肉震颤，步态蹒跚，皮肤和可视黏膜发绀（青紫色）。心跳急速，血液呈咖啡色或酱油色，凝固不全。耳、鼻、四肢及至全身发凉，体温低下，站立不稳，行走摇晃。严重者很快昏迷倒地，痉挛窒息而死。

3. 治疗

尽早确诊，及时采取针对性治疗是治愈的关键。立即应用特效解毒剂美蓝或甲苯胺蓝。美蓝，剂量为每千克体重9毫克，用生理盐水或5%葡萄糖溶液制成4%溶液，一次静脉注射。甲苯胺蓝，剂量为每千克体重5毫克，配成5%溶液，静脉注射。同时应用5%维生素C液60～100毫升，静脉注射，50%葡萄糖液300～500毫升，静脉注射。

4. 预防

防止突然过食富含硝酸盐的青绿饲料；切实改善青绿饲料的堆放，摊开敞放是预防亚硝酸盐中毒的有效措施。对怀疑含有硝酸盐和亚硝酸盐的饲草要严格控制喂量，并要保证供应充足的碳水化合物饲料、维生素A、维生素C及微量元素碘。

三、氢氰酸中毒

氢氰酸中毒是牛采食富含氰苷的青饲料，在胃内酶和盐酸的作用下产生游离的氢氰酸而致病。临床上以呼吸困难、震颤、惊厥为特征。

1. 发病原因

该病常因牛采食过量的高粱苗、玉米苗、木薯、刀豆、狗爪豆、三叶草等而突然发病。饲喂机榨亚麻子饼，因含氰苷量较多，也易发生中毒。

2. 临床诊断

有采食富含氰苷类植物史。通常在采食含氰苷的饲料后15～20分钟出现症状。病牛表现腹痛不安，流涎，可视黏膜鲜红，呼吸加快，抬头伸颈，张口喘息，先期兴奋，很快转为抑制，呼出气有苦杏仁味。肌肉痉挛，站立不稳，体温下降。以后则全身衰弱无力，卧地不起。瞳孔散大，眼球震颤，反射减少或消失，脉搏细数无力，全身抽搐，呼吸浅表，很快因窒息而死。

3. 治疗

立即应用特效解毒剂亚硝酸钠、美蓝或硫代硫酸钠解救。亚硝酸钠2克，配成5%的溶液，静脉注射。随后再用5%～10%硫代硫酸钠液100～200毫升，静脉注射。如无亚硝酸钠，可用美蓝液代替。为阻止胃肠内氢氰酸的吸收，可内服或向瘤胃内注入硫代硫酸钠30克。也可用0.1%高锰酸钾液或3%过氧化氢液洗胃。

4. 预防

禁止在种植含氰苷类植物（如高粱幼苗和玉米幼苗）的地区放牧。如用亚麻籽饼作为饲料，必须彻底煮沸，且喂量不宜过多，同时搭配其他饲料。含氰苷的饲料最好漂洗后再加工利用。

四、棉籽饼粕中毒

棉籽饼粕中毒是指家畜长期或大量摄入榨油后的棉籽饼粕，引起的以出血性胃肠炎、全身水肿、血红蛋白尿和实质器官变性为特征的中毒病。常见于犊牛。

1. 发病原因

棉籽饼粕是一种富含蛋白质的良好饲料，但其中含有毒物质棉酚，如果未经脱酚或调制不当，大量或长期饲喂，可引起中毒。

2. 临床诊断

有长期大量饲喂棉籽饼粕史。病牛精神沉郁，食欲减退或废绝。反刍减少或停止，发生腹泻，表现为出血性胃肠炎，粪中混有黏液和血液。体温不高，脉搏增数，呼吸加快。排尿频繁，排血尿或血红蛋白尿。下颌间隙、颈部、胸腹下及四肢常出现水肿。病情若进一步发展，病牛出现视觉障碍，甚至失明，站立不稳，行走摇晃或倒地痉挛。心跳加快，脉搏细弱，不感于手。呼吸困难，胸部听诊有广泛性湿啰音。最终心力衰竭而死。

母牛不孕，孕牛流产，产弱胎、死胎。牛多伴有视力障碍和夜盲症，眼球上起一层灰白色的雾翳。犊牛中毒后，食欲下降，胃肠炎，腹泻，呈佝偻病症状，生长发育不良，也有黄疸、夜盲或者瞎眼（类似于维生素A缺乏症）等症。

3. 治疗

目前没有可靠的治疗方法。有发病表现时，立即停喂棉籽饼粕，禁饲2～3天，然后喂食青绿多汁饲料，并充分饮水。内服0.1%～0.5%高锰酸钾或3%碳酸氢钠溶液，早期投服盐类泻剂；清理胃肠后，可用磺胺脒30～40克，鞣酸蛋白25克，活性炭100克，加水500～1 000毫升，1次内服，以利消炎。为保肝解毒、强心补液、利尿和制止渗出，可用50%葡萄糖液300～500毫升，20%安钠咖液10～20毫升，10%氯化钙液100～200毫升，1次静脉注射，每日1～2次。

4. 预防

预防棉籽饼粕中毒首先要限量限期饲喂棉籽饼粕，防止一次过食或长期饲喂。饲料应多样化，要有丰富的蛋白质、维生素和矿物质饲料，特别是维生素A、钙的供应。用棉籽饼粕作为饲料时，要加温到80～85℃并保持3～4小时以上，弃去上面的漂浮物，冷却后再饲喂。也可将棉籽饼粕用1%氢氧化钙液或2%熟石灰水或0.1%硫酸亚铁液浸泡一昼夜，然后用清水洗后再喂。日粮中补充硫酸亚铁，以减少毒性。

对成年牛，要严格掌握饲喂量，不宜太多。为防止其产生蓄积中毒，可采取饲喂一段时间和停喂相结合的方法。通常喂量按日粮精料计，以5%～15%为宜。犊牛和妊娠母牛最好不要饲喂。霉败变质的棉籽饼粕不能用作饲料。

五、马铃薯中毒

马铃薯（土豆）中毒是牛采食富含龙葵素的马铃薯引起的中毒病。

1. 发病原因

马铃薯的外皮、幼芽及嫩茎叶中含有龙葵素，特别是马铃薯变质或腐烂时，龙葵素含量显著增加，牛大量采食即可引起中毒；此外，马铃薯的茎叶中含有硝酸盐或腐败毒，也是引起马铃薯中毒的综合因素。

2. 临床诊断

有吃马铃薯史。本病的共同症状是神经系统和消化系统机能紊乱。轻度中毒时，病牛呈明显的胃肠炎症状（胃肠型），流涎、呕吐、腹胀、腹痛、腹泻、便血。病牛精神沉郁，肌肉松弛，体温有时升高，孕牛往往导致流产。重度中毒时，病牛呈现明显的神经症状，兴奋不安，向前冲撞；继而沉郁，后躯无力，运动失调；体躯摇晃，步态不稳，四肢麻痹；可视黏膜发绀，呼吸无力，心力衰竭，很快死亡。

3. 治疗

立即停喂马铃薯，更换优质饲料。排出胃肠内容物，可用0.05～0.1%高锰酸钾液或0.5%鞣酸液洗胃，然后灌服盐类或油类泻剂。为保肝解毒、强心利尿，可应用高渗糖、强心剂、利尿剂。兴奋不安时，应用镇静剂，如2.5%盐酸氯丙嗪10～20毫升，肌内注射；硫酸镁注射液50～100毫升，静脉或肌内注射。

4. 预防

不用发芽、腐烂的马铃薯喂牛，如果饲喂，必须把胎芽、腐烂部分削去洗净，煮熟后与其他饲料搭配饲喂。煮马铃薯的水也应弃掉不用。即使成熟完好的马铃薯，喂量也不可过多。

六、尿素中毒

尿素是农业上广泛使用的化肥，是一种非蛋白含氮物，可加入牛的日粮中代替饲料中的蛋白质，如果超量或混不均匀能引起中毒。

1. 发病原因

尿素饲喂过多，或喂法不当，被大量误食、偷食，即可中毒。

2. 临床诊断

牛过量采食尿素后20～60分钟即可发病。病初表现不安，呻吟，反刍停止，瘤胃臌气，肌肉震颤，步态不稳。继而反复痉挛，强直性痉挛，呼吸困难，脉搏增速（100次/分以上），从鼻腔和口腔流出泡沫样液体。呼吸极度困难，后期全身痉挛出汗，眼球震颤，瞳孔散大，肛门松弛，几小时内死亡。如果病程延长至1天左右者，则发生后躯不全麻痹。

3. 治疗

发现牛中毒后，立即灌服食醋500～2 000毫升，加水1升，1次内服。成年牛灌服1%醋酸溶液1 000毫升，糖0.5～1千克，水1 000毫升。静脉注射10%葡萄糖酸钙液200～500毫升，或静脉注射10%硫代硫酸钠溶液100～200毫升，同时应用强心剂、利尿剂、高渗葡萄糖等疗法。对症治疗瘤胃臌气者可用消气灵、鱼石脂等，必要时穿刺放气。

4. 预防

（1）严格化肥保管使用制度，不能把尿素和饲料混杂堆放，以防牛误食尿素。

（2）对饲喂尿素的牛群，严格掌握用量，体重500千克的成年牛，用量不超过150克/天。尿素以拌在饲料中喂给为宜，不得化水饮服或单喂，喂后2小时内不能饮水。犊牛不宜饲喂尿素。

（3）在饲喂尿素时可以考虑将尿素与氯酸铵配合使用，从而减少尿素的中毒。

七、食盐中毒（钠盐中毒）

食盐中毒是动物在饮水不足的情况下，因摄入过量的食盐或含盐饲料引起的以消化紊乱和神经症状为特征的中毒性疾病。

1. 发病原因

不正确地利用腌制食品（如腌肉、咸鱼、泡菜和乳酪）加工后的废水、残渣以及酱渣、食堂残羹等。长期缺盐的家畜，突然加喂食盐而未加限制时，容易发生中毒。饲料中所添加的食盐未碾碎或混合不均，动物一次性采食大量食盐后发生中毒。饮水不足对食盐中毒有重要意义。

2. 临床诊断

有采食过量食盐（钠盐）或饮水不足的病史。急性中毒表现消化紊乱和神经症状。病牛主要表现口渴、腹痛、腹泻、脱水。食欲废绝，流涎，腹痛，粪便中混有黏液和血液。黏膜发绀，呼吸迫促，心跳加快，肌肉痉挛，牙关紧闭。严重时出现双目失明、后肢麻痹、球节挛缩等症状，卧地不起，体温正常或偏低。孕牛可能流产，子宫脱出，多于24小时内死亡。慢性中毒时主要表现为食欲减退，体重减轻，体温下降，衰弱，有时腹泻，强迫病牛运动时，可引起虚脱及强直性惊厥，多因衰竭死亡。

3. 治疗

应在消除病因的基础上，促进钠盐排出，恢复阳离子平衡，降低脑内压，对症治疗。在发现早期，立即供给足量的饮水，以降低胃肠中的食盐浓度。若已出现症状时则应少量多次饮水。恢复阳离子平衡，用5%葡萄糖酸钙注射液200～400毫升或10%氯化钙注射液100～200毫升，静脉注射。利尿排钠，可用双氢克尿噻，每千克体重0.5毫克，内服。解痉镇静，可用25%硫酸镁注射液50～100毫升。缓解脑水肿、降低脑内压，常用25%的甘露醇，或25%～50%葡萄糖注射液，静脉注射。

4. 预防

日粮中应添加占总量0.5%的食盐，或按每千克体重0.3～0.5克的用量补饲食盐，以防因盐饥饿引起对食盐的敏感性升高。在饲喂含盐分较高的饲料时，应在严格控制用量的同时供应充足的饮用水。

八、黄曲霉毒素中毒

牛因长期或大量采食被黄曲霉、寄生曲霉污染的饲料所致的中毒性疾病称黄曲霉毒素中毒。其临床特征是消化机能紊乱、腹水、神经症状和流产。

1. 发病原因

牛采食了感染黄曲霉和寄生曲霉的花生、玉米、豆类、麦类及其副产品所致。

2. 临床诊断

成年牛一般呈慢性经过，病牛精神沉郁，采食量减少，前胃弛缓，瘤胃鼓气，间歇性腹泻，有时有腹水；颌下、前胸及四肢有水肿。产奶量下降，黄疸；妊娠牛流产，排足月的死胎，或早产。犊牛对黄曲霉毒素比较敏感，表现为食欲不振，生长发育缓慢，惊恐、转圈或无目的徘徊，消瘦，死亡率较高。

3. 治疗

对本病尚无特效疗法，发现牛只中毒，应立即停喂霉败饲料，改为青绿饲料和高蛋白饲料，减少或不喂含脂肪过多的饲料。对重度病例，及时投服泻剂如硫酸镁、硫酸钠或人工盐，排出胃肠道毒物。同时可用25%～50%葡萄糖注射液500～1 000毫升，5%葡萄糖酸钙300～500毫升，维生素C 0.5～1.0克，静脉注射。心脏衰弱时，可肌内注射强心剂。为防止继发感染可用抗生素，但严禁使用磺胺类药物。

5. 预防

不喂霉变的饲料。防止饲草、饲料发霉。在饲料收获、运输、加工和储存过程中应注意各个环节的保管和防潮，并经常检查，如有发霉迹象，尽量提早翻晒处理，霉变程度严重的饲料应予以销毁。饲料按计划采购，并做到现购现喂，防止长期堆放。最好设置草棚或防雨防潮设施。

第六节　寄生虫病

一、牛梨形虫病

牛梨形虫病也叫巴贝斯虫病，旧称焦虫病，是由数种巴贝斯虫引起的一种血液原虫病。其临床特征是高热、贫血、黄疸和血红蛋白尿。

1. 病原

有双芽巴贝斯虫、牛巴贝斯虫和卵形巴贝斯虫，这3种巴贝斯虫的发育都需要2个宿主。在中间宿主牛体内以二分裂或出芽增殖，在终末宿主（传播者）蜱的体内进行有性繁殖。蜱在吸血时，将病原寄生虫传播给健康动物，使其感染发病。

2. 流行特点

流行季节为蜱活动的季节，一般在6~9月发生。2岁以内的犊牛发病率高，但症状较轻，死亡率低；成年牛发病率低，但症状较重，死亡率高。

3. 临床诊断

潜伏期为9～15天。突然发病，体温升高40℃以上，呈稽留热。病牛食欲减退，反刍弛缓，体表淋巴结高度肿大。随着病程发展，出现贫血、消瘦、磨齿、流涎等症状，眼结膜苍白，可视黏膜黄染，尿呈红色乃至酱油色。

4. 治疗

尽可能早确诊、早治疗，常用的特效药有以下几种：

（1）贝尼尔，又名血虫净，剂量为每千克体重5～7毫克，配成5%～7%溶液，臀部深层肌内注射。每日或隔日注射1次，连用2～3次。水牛对本药较敏感，一般用药1次较安全，连续使用易出现毒性反应，甚至死亡。

（2）锥黄素，又名黄色素，剂量为每千克体重3～4毫克，配成0.5%～1%溶液静脉注射，注射时勿漏药。症状未减轻时，24小时后再注射1次。病牛在治疗后的数日内，对光敏感，应避免烈日照射。

（3）硫酸喹啉脲，又名阿卡普林，剂量为每千克体重0.6～1.0毫克，配成1%～5%溶液皮下或肌内注射。有时注射后数分钟出现起卧不安、肌肉震颤、呼吸困难等副作用（妊娠牛可能流产），一般于1～4小时后自行消失。严重者可皮下注射阿托品，剂量为每千克体重10毫克。

在应用特效药物杀灭虫体的同时，还应针对病情给予健胃、强心、补液等对症治疗，可明显降低死亡率。

5. 预防

预防的关键在于消灭牛体表及周围环境中的蜱虫。春季蜱幼虫侵害时，可用0.5%马拉硫磷乳剂或1%三氯杀虫酯乳剂喷洒体表；夏秋季应用1%～2%敌百虫溶液喷洒。在蜱虫大量活动期，每7天处理1次。根据各地草场的特点，因地制宜地进行轮牧，使牛在发病季节躲开疫源地放牧，避免接触传播媒介。在疾病流行季节之前，也可进行药物预防，可用贝尼尔，用量每千克体重2毫克，配成7%的溶液深部肌内注射，每隔15天1次。

二、牛泰勒虫病

牛泰勒虫病旧称泰勒焦虫病，是由环形泰勒虫和瑟氏泰勒虫引起的一种原虫病。临床特征为高热、贫血、出血、消瘦和体表淋巴结肿胀。

1. 病原

病原是环形泰勒虫和瑟氏泰勒虫，这2种泰勒虫多寄生于牛的红细胞和网状内皮系统细胞内，进行无性繁殖，牛为中间宿主。虫体在蜱体内进行有性繁殖，蜱为终末宿主。

2. 流行特点

泰勒虫病的流行有地区性和季节性特点，与蜱的出现有密切关系。每年6月开始发病，7月达到高峰，8月逐渐平息。1～3岁牛发病多，外地引入的牛，不论年龄、体质，都易发病，且发病严重。患过本病的牛可获得很强的免疫力。

3. 临床诊断

潜伏期14～20天。病初体表淋巴结肿大，体温升高到40.5～42℃，呈稽留热型。病牛呼吸、脉搏加快，结膜潮红。中期体表淋巴结显著肿大，可视黏膜出现深红色结节状的出血斑点；颌下、胸腹下部及四肢发生水肿，迅速消瘦。后期结膜苍白、黄染，食欲减退，反刍停止，体温下降，衰弱直至死。

4. 治疗

对牛泰勒虫病要做到早发现、早治疗。常用药物有：贝尼尔，每千克体重3.5～7毫克，配成7%溶液深部肌内注射，每天1次，连用3次；阿卡普林（硫酸喹啉脲），每千克体重1毫克，用注射用水配成1%～2%溶液，皮下注射；黄色素（锥黄素），每千克体重3～4毫克，剂量为2克，用注射用水配成0.5%～1%溶液，静脉注射，必要时隔1～2天再注射1次。黄色素和阿卡普林合用，第一、二天用黄色素，第三天用阿卡普林，每天用药1次。在杀虫的同时配合输血及对症治疗，可降低死亡率。

5. 预防

预防的关键在于防蜱灭蜱，根据蜱的生活习性进行杀灭，常用的药物有1%～2%敌百虫溶液，消灭牛体上、牛舍内及环境中的蜱。在发病季节可应用贝尼尔，每千克体重3毫克，配成7%的溶液深部肌内注射，每隔20天1次，对瑟氏泰勒虫病有较好的预防效果。在环形泰勒虫流行地区，可用“牛环形泰勒虫病裂殖体胶冻细胞苗”进行预防接种，接种后20天可产生免疫力，免疫持续期为1年以上。

三、牛螨病

螨病俗称癞，还叫疥癣病或疥疮，也有的称为“骚”，是由螨引起的一种接触传染慢性皮肤病。以剧痒、湿疹性皮炎、脱毛和具有高度传染性为特征。

1. 病原

寄生于牛的螨，有疥螨、痒螨和皮螨。

2. 流行特点

病牛为主要传染源，通过身体接触而传播。犊牛皮嫩，最易感染。本病多发于秋末、冬季和春季，此时阳光不足，皮肤湿度高，适合螨虫的发育、繁殖。疥螨开始于头、颈部，逐渐蔓延到肩背、尾根，严重时波及全身。

3. 临床诊断

牛的疥螨和痒螨大多呈混合感染，特征表现是皮肤奇痒。病牛局部皮肤出现小结节、水疱或痂皮、脱毛，摩擦使皮肤受伤，或用舌舔，被舔湿的毛呈波浪状。患部还可出现粟粒至黄豆大的结节，以后变成水疱及脓疱，破溃后流黄色渗出液并形成痂皮。皮螨主要侵害肛门、尾根部，有时四肢也发生。

4. 治疗

先剪去患部和附近的被毛，用肥皂清洗，待干后进行药物喷洒治疗。用溴氢菊酯（倍特），每千克体重50毫克，喷洒2次，间隔10天；或螨净（二嗪农）水乳液，每千克体重750毫克，喷淋2次，间隔7～10天，并尽量防止牛舔。伊维菌素或阿维菌素类药物，有效成分剂量为每千克体重0.2～0.3毫克，口服或注射，严重的间隔7～10天重复用药1次。

5. 预防

严禁健康牛与病牛接触，对新引入的牛要隔离检查，发现病牛及时治疗。平时要注意牛的清洁卫生，保持牛舍干燥，可使用杀虫药液喷洒圈舍和用具。

四、肝片吸虫病

肝片吸虫病也叫肝蛭病，由肝片吸虫引起，以急性或慢性肝炎、胆管炎为特征。

1. 流行特点

本病的发生由于受中间宿主椎实螺的限制而有地区性，常流行于潮湿多水的地区，夏季为主要感染季节。本病除牛以外，羊、骆驼、猪、鹿、兔、马、犬、猫等都能感染，人也能感染。

2. 临床诊断

症状的轻重与虫体数量和牛的年龄、体质有关。一般不表现临床症状，严

重时能引起发病。急性患病多为犊牛，精神沉郁，体温升高，食欲减退，走路蹒跚，常落于牛群之后，并有腹泻、贫血等症状，肝部压痛。犊牛严重感染时影响发育，甚至引起死亡。慢性病例表现为贫血，颌下、胸前、腹下水肿，消瘦，消化机能障碍，前胃弛缓，伴发卡他性肠炎。母牛产奶量下降，有时流产。

3. 治疗

可选三氯苯唑（商品名：肝蛭净），每千克体重6～12毫克；对于急性肝片性吸虫病的治疗，5周后应重复用药1次。本药品不得在牛的泌乳期使用，禁用于1周内要产犊的奶牛。丙硫咪唑，1次口服剂量，每千克体重10～20毫克；本药有致畸作用，孕牛慎用；牛在屠宰前休药期不少于14天，用药后3小时内所产的牛奶不得供人饮用。

4. 预防

预防措施主要是定期驱虫、防控中间宿主和加强饲养卫生管理。驱虫后的粪便应堆积发酵以杀灭虫卵。在放牧地区，尽可能在高燥地区放牧，饮用水最好选用自来水、井水或流动的河水。

（1）消灭椎实螺是最彻底的预防办法。在夏季实行轮牧，在某一块牧场放牧时间不要超过一个半月。填平低洼地，消灭椎实螺滋生地。水面可放养鸭子，以捕食椎实螺，也可用药物灭螺。

（2）在本病的流行地区，定期驱除牛体内的虫体，具有消灭病源和治疗病牛的双重作用。每年定期驱虫2次，于春季和秋季进行。

五、犊牛蛔虫病

犊牛蛔虫病是牛弓首蛔虫寄生在犊牛小肠内引起的以下痢为主要特征的疾病。该病多见于南方各省，初生犊牛大量感染可引起死亡。

1. 流行特点

本病主要发生于5个月以内的犊牛，2～4周龄的犊牛易感性最高，随着年龄的增长，易感性逐渐降低。成年牛的症状不明显。除黄牛外，水牛也可患病。

2. 临床诊断

病犊贫血、消瘦、腹胀，3～4周龄哺乳犊牛腹泻尤其严重。便秘、下痢交替发生，并引起腹痛。有时出现神经症状，如神态不安、肌肉痉挛。在幼虫的移行阶段，可见呼吸加快、咳嗽等症状。

3. 治疗

可选用枸橼酸哌嗪（驱蛔灵），每千克体重250毫克，或丙硫咪唑，每千克体重10毫克，1次口服。阿维菌素或伊维菌素，有效成分剂量为每千克体重0.2毫克，皮下注射（针剂）或口服（片剂）。用药后28天内所产牛奶，不得食用；牛屠宰前21天停用该药物。

4. 预防

每年早春和晚秋各进行2次预防性驱虫。搞好牛舍内外的卫生工作，清除粪便，堆肥发酵，避免粪便污染草料和饮水。

六、牛皮蝇蛆病

本病由皮蝇幼虫寄生于牛的背部皮下引起，俗称“牛跳虫”或“牛翁眼”，不仅影响牛皮的质量，而且影响其肉、乳的质量，有时还可能感染人。

1. 病原

有牛皮蝇蛆和纹皮蝇蛆两种。

2. 临床诊断

雌蝇产卵时，引起牛的强烈不安，表现蹴踢、狂跑等，不但严重影响牛的采食、休息、抓膘，甚至引起摔伤、流产等。病牛表现消瘦，生长缓慢，肉质降低，泌乳量下降。牛的背部皮肤被幼虫寄生以后，留有瘢痕和小孔，影响皮革价值。幼虫出现于牛的背部皮下时可以触诊到隆起，上有小孔，内含幼虫，用力挤压可以挤出虫体。

3. 治疗

在牛数不多和虫体寄生数量少的情况下，可用机械法，即用手压迫皮孔周围，将幼虫挤出，并将其杀死。由于幼虫的成熟时间不同，故每隔10天要重复操作，但需注意勿将虫体挤破，以免引起过敏反应。

使用伊维菌素或阿维菌素，剂量为每千克体重0.2毫克，皮下注射；或采用微量注射法（1%伊维菌素或阿维菌素溶液），剂量为50千克体重1毫升，1次注射。注意12月至次年3月不宜用药，一般治疗该病多在11月进行。

4. 预防

预防的关键是消灭成虫，防止在牛体上产卵。消灭寄生于牛体的幼虫，在防治本病上有着极重要的作用，它可减少幼虫的危害，并防止幼虫化蛹羽化为成虫。在牛皮蝇蛆病流行地区，每逢皮蝇活动季节（5～8月），尤其夏季对牛舍、运动场定期用灭蝇剂喷雾。可用每千克体重1 000～1 500毫克的拟除虫菊酯类药物（如溴氢菊酯）喷洒，每30天喷洒1次，可杀死产卵雌蝇或由卵孵出的幼虫。加强灭蝇工作，保持牛体的卫生，要经常刷拭牛体。

七、球虫病

球虫病是由多种球虫引起的一种肠道原虫病。临床上以出血性肠炎为特征，临床上出现便血症状，故又称“红痢”。

1. 病原

寄生于牛的球虫有14种，其中以邱氏艾美尔球虫和牛艾美尔球虫致病力最强、最为常见。

2. 流行特点

牛球虫病主要侵害犊牛，且发病严重，成年牛呈隐性感染，成为带虫者。一般发生于春、夏、秋季，尤其在多雨月份，在低洼潮湿的牧场放牧易发生。

3. 临床诊断

潜伏期为2～3周，犊牛一般呈急性经过，病程为10～15天，病初精神沉郁，喜卧，食欲减退或废绝，被毛粗乱，粪便稀薄，混有黏液、血液。约7天后，体温可以升至40～41℃，症状加剧，末期所排粪便几乎全是血液，色黑，恶臭，最后多由于极度衰弱而死亡，病程10～15天。耐过的牛转为带虫者。

4. 治疗

磺胺类药物，如磺胺二甲基嘧啶，每千克体重140毫克，口服，每日1次，连服3天。氨丙啉，每千克体重20～50毫克，口服，每日1次，连用5～6天。莫能菌素是一种有良效的抗球虫药，同时也是生长促进剂，推荐量是每吨饲料中加入16～33克，屠宰前3天停药。

在给予球虫药的同时，应注意对症治疗，注意结合止泻、强心和补液等措施。对有临床症状的牛应进行隔离，减少病牛群的密度。

5. 预防

（1）在流行病发生地区，应采取隔离、治疗、消毒等综合性措施。成年牛与犊牛分开饲养，发现病牛后应立即隔离治疗；哺乳母牛的乳房要经常擦洗；哺乳后母牛、犊牛要及时分开。

（2）定期用3%～5%热碱水或1%克辽林消毒地面、牛栏、饲槽、饮水槽等处，一般每周1次。牛圈要保持干燥；粪便要及时清除，集中进行生物热发酵处理；要保持饲料和饮水的清洁卫生。

（3）药物预防可用氨丙啉，每天按每千克体重5毫克的用量混入饲料，连用21天；莫能菌素按每天每千克体重1毫克的用量混入饲料，连用33天。

第四章　特疑病案分析与体会

第一节　传染性疾病

一、牛炭疽

1. 病案基本情况

1978年浚县某乡兽医站在某大队剖检一头病死牛，发现肝脾特别大，肝脏比正常大2～3倍，本来肝有分叶，此时似一个大肝，结果兽医也不知是什么疾病，由于不能确定病名，自称为“独叶肝病”，并挂在站上门诊部吊顶上。

2. 病案诊疗经过

为事后调查访问情况。

（1）主诉：据畜主称，此牛死前发热，突然不吃，粪便干，暗黑色，呼吸快，有疝痛症状。

（2）诊疗：因牛已死亡，未做诊疗工作。只是根据剖检发现脾脏比正常约大4倍，肝大2～3倍，在严密消毒情况下，取少量肝脏带回县兽医院化验，确诊为炭疽病。据兽医站医生说，牛肉已分给村民，平均每人约0.25千克。

3. 病案分析与体会

（1）本病经县兽医院将肝脏进行触片、染色镜检，发现大量的似火车轨道状的粗杆菌，即炭疽杆菌。随即通知兽医站立即严密处理病肝，彻底消毒，并责令对村民进行食肉后的调查，未见人患本病（（可能是每户量少，又加高温煮沸有关）。本病若传染给人，按医书记载，97%为皮肤型，少见于肠痈型、肺型或脑型。

（2）本病例应吸取教训，对不能确诊的病案应上报并请求专家会诊，防止疾病传播。特别是本病肉类应严禁食用，最好不要现场剖检，必要时可在村外严密消毒，带胶手套进行，事后深埋、消毒或焚烧处理尸体，以防本病传播。

（3）本病用青霉素有效，但不主张治疗。

二、牛伪狂犬病

1. 病案基本情况

1985年某县兽医院收治黄牛一头，增温、不食、口流黏液垂于口角外10～30厘米长，但口腔内无明显炎性病变。患犊常在母牛胸腹侧爬跨，不时哞叫，用木棍撬嘴，咬棍不松口。

2. 病案诊疗经过

（1）主诉：发病已4天，仍然无治疗效果。

（2）诊疗：采用对症疗法，注射抗生素、退热剂、输液均无效而死亡，确诊为牛伪狂犬病。

3. 病案分析与体会

（1）本病由伪狂犬病病毒所引起，目前无特效疗法。死亡率接近100%。

（2）本病多见于河南许昌地区、驻马店地区及周口地区，许昌地区科技人员曾做过详细调查和病原学研究，获地区成果二等奖。1991年，本病又在郑州地区某乳牛场发生，豫北某县也有个别发生的病例报告。

（3）本病一旦发生或流行，目前尚无有效的防治方法。

三、牛流行热并发皮下气肿

1. 病案基本情况

2004年9月，郑州市惠济区一奶牛患流行热，经当地兽医治疗后体温恢复正常，食欲、饮水和大小便及呼吸困难症状基本好转，但出现皮下气肿，继续打消炎针及皮下穿刺放气，仍无好转，要求会诊治疗。

2. 病案诊疗经过

主诉与症状：2004年9月某地区许多奶牛都发生呼吸困难、高热、不食，经兽医确诊为流行热。曾采用肌内注射解热止痛药，配合抗生素治疗并发细菌性感染（如肺炎等），治疗数天后症状基本消失，仅有颈部、肩部皮下肿胀，似有气体。虽放出少量气体，翌日又肿大。幸亏兽医及时诊治。

3. 诊断与治疗

确诊流行热后，由于病牛食欲未达到正常水平，皮下有气肿，按以下治疗方案治疗5天获得痊愈。

（1）瘟毒精品，50毫升/次，每日2次肌内注射。

（2）输液：17种氨基酸500毫升（先静脉注射），然后输入10%葡萄糖液2 000毫升、5%葡萄糖液1 000毫升、维生素C 500毫克×20支、肌苷2毫升×10支，上药混合一次静脉注射。

（3）中药疗法：知母30克、川贝母30克、紫苑25克、紫苏25克、广木香30克、炙枇杷叶30克、香附25克、川黄连25克、黄芩30克、百部20克、茯神35克、陈皮40克、桔梗25克、焦三仙各90克、党参35克、白术30克、甘草20克。

水煎服，前3天每日1次，3天后隔日1次。经过口服中药煎剂4付，皮下气肿彻底痊愈。

4. 病案分析与体会

（1）皮下气肿的发生原因：是由于患牛高热、呼吸困难（有时并发肺炎）导致部分肺泡扩张、破裂，气体可通过纵隔进入皮下，故颈后部及肩部皮下积气。

（2）治疗皮下气肿不能只用穿刺放气法，那是治标之法，不能治本。用中药清肺、理肺、润肺、敛肺为主，配合强心、补液、健胃消食为辅可取得明显效果。

（3）本中药方又给患流行热并发皮下气肿的温县两奶牛施药后同样证实有效。

（4）并发颈肩部皮下气肿多见于以下三种疾病。

第一种为牛流行热，该病特征是体温升高达41.5～42.5℃，呼吸困难，流鼻涕或咳嗽，少食或绝食，严重的引起跛行或卧地不起，极少部分病牛会并发皮下气肿。它是由病毒引起的一种传染病，每隔3～5年流行一次，通常经过一个月左右的流行后本病可得到控制。

第二种疾病是牛误食黑斑病红薯中毒后并发颈肩部皮下气肿。此病特征是一般体温正常，有饲喂过黑斑病红薯史，患牛高度喘息，故又称“牛喘病”。一般不流鼻涕、不咳嗽，用一般抗生素治疗无效果，治愈率低，死亡率较高。

第三种疾病是牛气肿疽，本病病原为气肿疽产气荚膜梭菌。也是一种烈性传染病。本病体温升高达41～42℃，皮下积气可发生在体表多处部位，特别是臀部、颈肩部较多见，不过在穿刺放气过程中，可抽出或从针头溢出紫红色泡沫状液体，液体颜色近似于0.1%高锰酸钾溶液的颜色。

第二节　寄生虫疾病

一、牛多头蚴病（脑包虫病）

（一）病案基本情况

1963~1979年，浚县兽医院共进行诊治及开颅术取出脑包虫共计77例，其中牛15头、山羊47只、绵羊15只。最小的出生后即发病（在胚胎时已感染），最大的5年龄。半年至一年龄的牛羊比例最大，达60头（只）。病牛羊多来源于沙丘地区（如王庄乡、善堂乡等）为38头（只），山冈地区（如白寺乡、大来店乡的火龙岗一带）共34头（只），平原地区（如巨桥乡、城关乡、卫贤乡、新镇乡等）较少，有5头（只）。就诊手术时间：以7～10月4个月最多，达38头（只），占总头（只）数的50%。虫体寄生部位：左侧脑部52头（只），右侧脑部20头（只），小脑部2头（只），其他部位3头（只）。手术方法：圆锯术35头（只），刀切颅骨术42头（只），多为一年龄以内的羊羔，由于骨板薄，用刀切术比较省力而安全。手术切开部位，多数在两角根后方，少数在前额部。此外，当缺乏圆锯条件时，特别是牛羊角向后成卷曲弯形，术部又在犄角根后方时，不适于圆锯操作开颅术，笔者采用木匠用的3分或5分铁凿凿开颅腔非常方便。预后情况：痊愈66头（只），死亡6头（只），不明（未追踪记载）者5头（只），总治愈率占85.7%以上。

（二）病案诊疗经过

1. 主诉

患牛（羊）偏头、仰头，呈间歇性转圈，个别的以头额顶障碍物，视力障碍或失明，遇地面不平或有沟坡地段，突然倒地。食欲废绝。当地兽医说“偏头风（即脑包虫）没救星”，听说有开颅手术法又不会此项技术，故死亡率极高，要求县兽医院诊治。

2. 诊疗

确诊为脑包虫病（多头蚴引起）后立即开颅取出虫体（包囊状），术后一般一次痊愈，仅有个别病畜，术后症状仍然存在，后尸检发现有个别的患畜脑中有2～4个脑包虫，只取出一个未能根治。

（1）本病诊断方法和依据：患牛（或羊）体温正常，不食，视力障碍，转圈，偏头，仰头或头向前顶障碍物，而脑炎特别是传染性脑炎，则体温升高。

脑包虫的寄生部位与其所表现的脑压迫症状有关。若以前额顶障碍物，则虫体多在大脑前部；向左转圈，虫体多在大脑左侧；向右转圈，虫体多在大脑右侧；头向后仰，虫体多在后部大脑或小脑处。如果年龄较小者（1年龄以内），由于骨质硬化程度较低，当脑包虫体积增大时，脑压增高，使骨质外突变薄而柔软，用指压法压迫患部骨板，病牛即因疼痛而哞叫，患部叩诊可发出浊音。

（2）手术方法

①圆锯术：在患部术区下局麻，15～20分钟后做一“U”字形切口，钝性分离皮瓣，将“U”形底部皮肤向对侧上翻，用止血钳夹住皮瓣防止复原位，再用手术刀尖刺入骨外膜，做十字形切口，用骨膜剥离器将切口各组织刮向四周，暴露出颅骨面，将圆锯中心固定针刺入骨板圆形中央，转开骨板，取出骨板，暴露硬脑膜，用长针头连接注射器，刺入脑内，若抽出透明液体，说明脑包虫在此处。然后将头调位，使穿刺部在头部最低位。并用蚊式小止血钳，刺入入针处，液体开始外流，同时小心撑开止血钳，囊液流速增加，可见到囊壁组织，用止血钳夹住囊壁，小心缓慢地向外牵引，直至脑包虫体离体（囊包内有150～250个头节），最后将头部恢复常位（切口向上）不缝硬脑膜，不放回被圆锯锯掉的圆形骨板，仅先缝合十字切口的软组织，上消炎药粉，最后除去U形的固定止血钳，将皮瓣翻回原位。将U形切口的皮肤对端连续缝合一周，切口皮肤涂碘酊，术后不必注射消炎剂，每日仅用碘酊涂创部即可。通常摘除脑包虫后，患牛（羊）不再呈现转圈等神经压迫症状。说明手术成功。

②注射术：用木工用的木铁钻在骨板上钻一小孔（不要损伤大脑），然后用针头刺入大脑内，若见针孔流出少量囊液即用注射器针头连接针座吸液，由于囊液被吸尽，囊包壁因负压而紧贴针孔被吸出骨孔外一部分，再用镊子或止血钳夹住外露的囊壁，小心向外牵引，直至整个包囊脱离体外。如果因囊包过深，注射器吸引不成功，可在吸出囊液后，向囊内注入10%磺胺嘧啶钠液或2%敌百虫液（药用量为3～5毫升），使囊内头节失去营养液而死亡，导致囊液不再产生，囊内药液慢慢被组织吸收，囊壁体积皱缩不再压迫大脑而痊愈（注意注入的药液量不能超过流出的囊液量）。

③刀切术：用手术刀的刀尖小心呈圆周状切开骨板（当年龄小，骨板柔软而菲薄时采用此法），为防止刀尖损伤脑组织，必须在切开部分骨板后，用止血钳夹住开裂的骨板向外提起，同时继续完成切割任务。其他步骤同圆锯术。

④铁凿术：仅适用于犄角向后弯卷无法使用圆锯术时采用。即用铁锤锤打1～1.5厘米宽的铁凿，呈圆周状凿开骨板，凿时应以凿和骨板呈45°角，将凿尖紧贴骨板，小心凿开骨板。其他步骤同圆锯术。

（三）病案分析与体会

1. 脑包虫（多头蚴），即多头蚴是绦虫的幼虫阶段，其成虫则寄生在犬科类动物的小肠内。包囊内有150～250个头节，囊液含20种营养成分，以保证囊内头节的生长发育。

2. 当取出一个脑包虫后，一般可停止转圈症状，仅个别有短日少量转圈现象，多因习惯未完全改正所致，如果多日仍有转圈现象应进一步诊疗，多见于多个脑包虫未彻底除尽所致。

第三节　内科疾病

一、花生秧纤维团引起牛胃肠梗阻

（一）病案基本情况

某年，新郑市兽医院邀请省畜牧局专家每年对该地区种植花生的某些乡、村调查，发现牛因花生秧纤维团阻塞胃肠，用药物治疗无效，年死亡200多头。当地兽医参与此项科研工作，重点是手术取结。当地兽医曾到某村见到一例耕牛，已病12天，不排粪、不吃草，鼻镜干裂，卧多立少，少量饮水，形体消瘦，最后死亡。

（二）病案诊疗经过

1. 主诉

每日以喂花生秧为主，发病率可达3%～5%。发病季节多集中在9月以后至翌年春季5月以前。5～9月因吃青草，本病仅有个别发生。

2. 询问调查

几年来，从手术中观察与死后剖检及屠宰场所见的200余例中，纤维团可长期（达数月之久）存积游离于健牛真胃中并不发病，待其移行入肠腔后，随即出

现梗阻症状。阻塞于肠腔的花生秧纤维团呈鸡蛋大小，而存留于真胃的纤维团有核桃大、鸡蛋大、拳头大。表层光滑，质地坚实柔韧，手捏、拳捶均不能粉碎，必须逐层剥离才能分开。肠阻塞部位，多在十二指肠及空肠，结肠、盲肠中也有发现。据25例统计，阻塞于十二指肠的14例，占56%；空肠的7例，占28%；盲肠的1例，占4%；结肠的3例，占12%。在真胃存积的纤维团由1～10个不等，真胃中存2个以上纤维团者25例中有11例，占44%。

3. 临床检查

病牛不见前驱症状，突然发病，同时出现食欲、反刍完全废绝，饮水减少，排粪停止。精神沉郁，被毛粗乱，皮温不正常，鼻镜干燥或龟裂，眼结膜充血污暗，也有稍显黄染的。口腔分泌液减少，发黏发腻。瘤胃触诊柔软，右肷部柔软有弹性，叩诊右肷部上1/3多呈高朗鼓音，中、下区呈浊音或半浊音。用力触诊右肷窝时，可听到明显的溅水音。听诊时，阻塞点以前的肠管蠕动音较为活跃，阻塞点以后肠音多呈抑制状。

病牛有时可排出极少量的灰黄色或绿褐色的稀薄粪便，混有大量胶冻状的黏液，气味腥臭。尿量减少，颜色加深。部分病牛有不同程度的疝痛症状。做直肠检查时，偶尔触到右侧十二指肠第二段中有阻塞物。呼吸无异常，心脏在病初无变化，病情加重时心跳加快、节律不齐，可达每分钟100次以上，并出现摩擦音、分裂音等。体温正常，个别的也有低热。病后期，肌肉震颤，甚至从鼻孔流出或从口涌出胃内容物，易导致异物性肺炎而死亡。

病程一般为7～15天，病势急者2～3天死亡，慢者也有13～15天死亡的。

临床检验：对12头病牛进行了血、粪、尿常规检验。血液无明显变化。尿蛋白和尿兰姆、粪潜血和蛋白质均呈阳性和强阳性。

4. 诊断依据

应综合判定。

（1）病牛均有一段花生秧喂养史，即使近几个月已换过其他饲草，也不能完全排除病因的存在，因为其胃内的饲草球团，随时会下移到肠管而突然发病。

（2）发病突然，不见前驱症状即出现食欲、反刍废绝，饮水减少，排粪停止现象。直肠检查时发现粪便量少且呈灰黄色泥状，气味腥臭，并能取出多量灰白色胶冻状的黏液团块。

（3）右肷窝部触诊有明显溅水音。

（4）口腔分泌液减少，发黏发腻。鼻镜干燥或龟裂，呈脱水状态。

（5）多数牛有不同程度的疝痛，卧多立少。

（6）直肠检查：如果阻塞于十二指肠、空肠、盲肠时可能在右侧下方摸到鸡蛋形的阻塞物。

（7）化验指标：尿兰姆及蛋白质阳性或强阳性。粪中潜血和蛋白质阳性或强阳性。

5. 鉴别诊断

（1）第三、四胃积食时，在右肋弓后可触摸到增大的胃体。

（2）肠套叠时有明显的疝痛，直肠检查有时可摸到腊肠样套叠的增厚处。

（3）其他类型的肠梗阻无喂花生秧史。

6. 治疗措施

曾使用多种药物，均难奏效。笔者曾在浚县王庄乡、善堂乡沙岗地区治疗因长期喂过花生秧而患本病的病例18头，只有1例通过泻药治愈，在3天内排出纤维团8个，不过纤维团似鹌鹑蛋大小，如果大于鸡蛋样，则根本排不出去。通常采取手术取结有良好疗效，但有严重并发症或阻塞时间长于5～6天以上，体质瘦弱者最终预后不良。病后10天以上即使手术取了结但最后多归于死亡。

（1）肠切开术：右腹肋部局部麻醉，左侧向下横卧保定。如在地面保定操作，倒牛前先在地面挖一个可容纳病牛瘤胃的锅底形的减压坑，倒牛后将胃放置坑中，减低腹压，便于操作。切口部位选在右肷部第二三腰椎横突下5～10厘米，最后肋骨后4～6厘米处，向下做15～20厘米的垂直切口，十二指肠第二段即可暴露在切口之下，此处如有阻塞，即可施行肠管切开术。十二指肠如无阻塞，应剪开两层大、小网膜，术者手伸入腹腔，仔细探查小肠、结肠和盲肠，找出阻塞点，切肠取出。做上述手术的同时，利用同一切口，术者应详细探查真胃，尤其要触摸真胃胃底有无游离的纤维团存在，如其胃内仍有纤维团时，需施行真胃切开手术，以防止术后二次从真胃移到小肠内而发生新的肠梗阻，这是根治本病的有效方法。

（2）真胃切开术：左侧横卧保定，腰旁传导麻醉，配合局麻施术。切口部位选在右季肋后，沿肋弓3～5厘米，从后上方向前下方做一斜形切口，长15～20厘米，切口下端应在乳静脉之上，约在预想的真胃体处。把真胃大弯拉出切口之外，用牵引线固定胃壁，沿大弯切开胃壁，掏出所有的纤维团，然后按常规处理

结束手术。术后应注意维护机体和预防感染。如第一期愈合，7～10天即可拆线，休养一个月后便可使役。病牛不论是一个切口还是一次两处切口，效果均好。

（三）病案分析与体会

1. 花生秧纤维团引起的牛胃肠梗阻，在沙区地带，由于适合种植花生，故花生秧产量大。据群众反映，花生秧是好草，牛特别喜欢采食，那么既爱吃、又易发生本病，应怎样预防呢？

（1）有条件的应用多种草混合搭配最好，群众称它为“花搭草”，既营养全面又可减少发病率。

（2）俗称喂鲜或喂干透的花生秧较少发病，而农村花生秧产量大，保存条件差，在外日晒雨淋，花生秧似皮条样，粗纤维多，不易消化，同时纤维成团状极易发病，一旦阻塞肠管则用药很难奏效，常导致死亡，损失较大。

（3）花生秧打碎或铡短，使长纤维不能互相缠结，是预防此病的有效措施之一。

2. 发病原因：根据对百余例病牛的调查，凡得本病的牛都有一段喂花生秧的历史，致病原因与以下因素有关。

（1）花生秧品质不良。瘠瘦、未到成熟期死亡、霉烂、不新鲜的花生秧，或收获后贮藏时不干、不脆，或因气候潮湿导致花生秧皮韧不易消化。

（2）调制、饲喂方法不当。花生秧饲喂前应铡成长约3厘米，以干喂为好，如果加水拌湿喂也易患病。

（3）年龄、体质的关系。年老体弱的牛，消化能力降低或牙齿不整，对饲草消化不良。从20例病牛的年龄中看，7岁以下为7头，占总数的35%，7岁以上为13头，占总数的65%。

（4）过度劳役。役牛过度劳役后，未能充分反刍与休息，就给以足量饲喂，也易导致发病。反之，目前役牛由于农业机械化程度大大提高，役牛的劳役强度大大减轻，加上农村经济条件和环境卫生条件大大改善，老龄牛多数淘汰食用，青壮年牛的体质也强壮，故发病率已经大大下降。

3. 本病为沙岗地区常见的一种地方性疾病，一旦发病，用泻药等各种方法解决不了阻塞的问题。目前以手术方法取结确是根治良法，但由于市场经济，大力发展奶牛和肉牛，耕牛比例会日渐减少，但边远地区等地的耕牛量比发达的平原地区相对要多，应采取有效的预防措施。尽力减少发病，减少死亡。

二、黄牛上腭孔——鼻腔瘘

（一）病案基本情况

1973年浚县善堂兽医站一头住院母黄牛，5岁，营养中上等，右鼻孔不断流脓鼻涕，曾经河南省浚县、淇县三个乡兽医站按肺病治疗4个多月无效，后经善堂乡兽医站邀请会诊，一周后痊愈。

（二）病案诊疗经过

1. 主诉：食欲、精神、体温正常。呼吸系统正常，不咳嗽。仅见右鼻孔不断少量排出脓性鼻涕。

2. 诊疗：口腔及牙齿正常，两侧上颌窦均无异常，仅发现右侧上腭孔前有1毫米长的异物，用止血钳夹出进入上腭孔内的细竹条约4厘米长，再用1%~2%甲紫溶液注入上腭孔内，紫药水即从右鼻孔向外流出，经过3次隔日注射紫药水获得痊愈。

（三）病案分析与体会

1. 患牛除右鼻孔流脓性分泌物外，全身系统检查无异常发现，中兽医只能按肺病治疗，注射抗生素，服清肺、理肺药长期治疗毫无疗效。

2. 据畜主回忆，4个月前曾患过瘤胃臌气，按中兽医土法治疗，采用“柳枝去皮”插入“顺气穴”内（即上腭孔内）约30厘米长度，可祛胀、治眼疾。但因当时无柳枝，故用细竹条代替，由于竹条细脆易折，折后又未将剩余的竹条取出，故长期堵塞上腭孔（又称鼻泪管），感染化脓，使鼻腔下界骨板坏死穿孔，脓液即从右鼻孔流向体外。当取出异物后，多次用1%～2%甲紫溶液（染料杀菌剂）冲洗、杀菌、收敛，很快痊愈。

3. 会诊前由于当地兽医对牛的鼻泪管结构及通道不了解，加上上腭孔在切齿板前方，检查口腔时，通常兽医多习惯以两眼向内前方只看口腔两侧、舌下及咽部和牙齿，不注意上腭孔等口腔前上方的检查，因为检查者必须下蹲并仰头才能发现上腭孔，故体检时应详细检查。此外，兽医要不断加强基础理论学习，提高分析判断能力，即本病案已按肺病长期治疗为什么无疗效？为什么无其他全身症状表现？食欲、精神、体温、呼吸、心跳一切正常，不咳嗽、不发喘，无上颌窦炎及口炎、牙病？为什么只有右鼻孔流脓涕，经过鼻腔浅部肉眼检查也未发现病灶，是否是鼻腔深部有病灶？上腭孔处有异物又与鼻腔发生什么关系？如果学

过解剖学，又熟知中兽医“顺气穴”的治病方法，可理顺此因果关系，但为什么又与鼻腔有关系呢？我们通过带色的紫药水从上腭孔注入管内后，为什么从右鼻孔处流出呢？结果证明是由于上腭孔被堵塞，感染化脓、脓液长期浸蚀鼻腔下部骨组织，使鼻腔深处某部位坏死穿孔，导致上腭孔与鼻腔相通而形成了上腭孔鼻腔瘘。

三、新生犊牛“胎毒症”

（一）病案基本情况

1963~1979年，河南省浚县兽医院常出诊治疗新生犊牛“胎毒症”（当地中兽医命名的病名，到目前为止，从西医角度分析，很像新生犊牛脓毒败血症，但未做详细科学论证），采用中药四黄汤加艾尖，每日1剂，连用3～4天可达到痊愈，治愈率接近100%，而西医采用10%磺胺类药或抗生素治疗，治愈率较低，甚至发生死亡。

（二）病案诊疗经过

1. 主诉及症状

犊牛出生后，快者30分钟内就发病，表现高热（40.5～41.5℃），发喘，不咳嗽，不吃奶，便干，打滚不安，结膜充血，鼻镜干燥，可视黏膜发红，但仍有瘤胃蠕动音，曾注射止痛剂、抗菌剂，疗效较差，要求县兽医院会诊治疗。

2. 诊疗

认为是“胎毒症”。立即口服中药四黄汤加艾尖。药量为川黄连8～15克，黄芩8～15克，黄柏5～8克，川大黄5～8克，艾尖10个。水煎后约一大碗（一般碗口直径约15厘米），待温一次内服，每日服1剂，连用3～4剂而痊愈。

3. 中药药理

川黄连清热而厚肠胃，黄柏能清小肠火，黄芩能清肺热，川大黄有清大肠热并能轻泻治干结，艾尖有祛风避邪作用。所用中药质地必须正宗，不能用胡黄连代替川黄连，也不能用土大黄代替川大黄，必须保证药物的纯正、高浓度，才能达到预期目的（在治疗中只用中药，不用任何西药）。

（三）病案分析与体会

1. 本病的病名十分奇特，但按西医角度分析，有人认为可能与脓毒败血症有关，但未做过科学论证，按中兽医分析，认为母牛在妊娠期间，为了保证胎儿健壮，多加精料，由于消化功能不适应，产生了有毒物质导致胎毒症的发生，其机制是料大生热，热大生毒。但从调查发现，母牛并未出现明显症状，全身情况无明显异常表现，部分母牛出现食欲、消化紊乱，故中兽医认为，母牛患了“胎气”不食，常导致胎儿在妊娠期内已有“胎毒”侵害，出生后立即表现胎毒症状。是否如此，有待进一步探讨。

2．在浚县。除新生犊牛发生本病外，新生马驹也有同样症状而发病，用本方中药治疗效果也十分良好。

3．当今此病症很少见到，其原因有待研究。

四、新生犊牛膀胱破裂，尿从脐口排出

（一）病案基本情况

1992年，扶沟县兽医院收治一新生母犊，发现脐孔处不断滴尿（有尿臭味），而不见尿道排尿，要求会诊。

（二）病案诊疗经过

1．自诉

犊牛产出后不见排尿已3天，但脐部不断流滴液体，脐也不肿胀，能吮母乳，排粪正常，不喘，体温正常。

2．诊疗

插导尿管遇有阻力，未见尿液导出，脐孔流出少量尿液（有尿臭味），腹围稍增大，决定剖腹探查。发现膀胱空虚，腹侧中央有一个直径约0.2厘米的小孔。当时认为将小孔缝闭，如果尿路因先天性不通则缝合解决不了问题，但采用腹下人工排尿法也因牛体腹腔较大，腹壁与膀胱裂口有很大距离，手术不可能实现，最后试创一种以自行车气门芯胶管连接，引尿从脐孔流出，可保证正常生活与排尿。手术非常顺利，7天后除尿液从脐孔排出外，无其他异常变化，术后10天，该兽医院告之：犊牛又从尿道口向外正常排尿了，脐孔滴尿非常少见，是否要拆除气门芯胶管，回答否，就这样患犊日渐健康，一切正常。

（三）病案分析与体会

1．本病实属罕见，但术后为什么尿道又通畅了，这是个谜？

2．从外科手术学角度分析，首创用30厘米长的气门芯胶管做人工引流尿液从脐孔部排出是一种新的尝试。其手术方法介绍如下：

（1）仰卧保定，腰旁神经传导麻醉，配合脐部周围皮下普鲁卡因浸润局麻。

（2）剪毛消毒后打开腹腔，牵引膀胱，将破孔处找到后，在膀胱侧壁处再开一个1.5厘米的小口，将气门芯一端（先消毒）用剪刀以十字形剖剪成四瓣（长约1厘米），插入膀胱腔内，然后术者的一个食指插入腹侧壁人工造口内进入天然破孔处，内外配合将气门芯十字切开的四瓣分别通过引针缝合固定这四个瓣于膀胱天然孔内侧的周围组织中，使尿液直接向气门芯胶管处引流，膀胱侧壁口再进行密闭缝合。再将胶管另一端从脐孔处引向孔外，在胶管周围皮肤及软组织做一荷包缝合，防止胶管口还纳腹腔内。术后数日内，可见膀胱内的尿液通过气门芯胶管流向体外。

第四节　母畜科与产科疾病

一、牛顽固性阴道脱出

（一）病案基本情况

1964~1979年，浚县、滑县、淇县等多个县乡不断因役牛劳役过度等多种因素导致努责，腹压加大而引起阴道完全脱出于阴门外。通常采用冲洗、整复、固定方法多数可获得治愈，但极少数牛的阴道脱出呈顽固性反复发作，常被屠宰处理。为了提高治愈率，兽医试创了“体外切除疗法”，挽回了损失，并在河南省推广。不过此法不适于种母牛，因术后不能再孕，只能改做役用或肉用。

（二）病案诊疗经过

1. 主诉

阴道全脱，反复治疗无效，脱出部体积增厚、增大，无法回纳生殖道内，要求手术切除。如浚县、滑县、淇县等地曾做过127例，治愈率99%。

2. 特征

本病比较多见，一般阴道脱出可分为部分脱出和完全脱出，顽固性脱出也并不少见，多为治疗不及时所致，其中有部分病例还并发直肠脱出，如不解决阴道脱出问题，则直肠脱出不易根治，时常复发。主要症状是在阴道口外有大小不等的球状脱出物，站立时脱出物后上方有一个子宫颈管外口，内含部分子宫颈，前下方少数可见有尿道外口，不断滴尿，频频努责，影响采食。

3．诊疗：顽固性阴道全脱体外切除疗法：

（1）横卧保定，局麻或全身浅麻。

（2）术部清洗、消毒。

（3）术者持刀，在固定夹子（或用粗竹筷子两根代替）的后缘（在阴门后或尿口后2厘米处将脱出物夹紧，由助手进行操作），先环状封闭局麻，以刀尖插入脱出部0.5～1.5厘米深度，小心以环形切口的方法，切透黏膜层、肌层和浆膜层。用术者双手，一手牵拉脱出部后方组织，另一手钝性分离切口前、后的软组织，充分暴露出第二层组织（包括被套的浆膜层、肌层和黏膜层）。

（4）助手松解固定外围的第一层组织的固定夹子，用前述的固定方法，移至经过钝性分离后的第二层组织最前方，并用力夹紧，然后术者用纫有18号粗缝合丝线的小刀针（用缝麻袋的约10厘米长的粗针，针头用火烧红，打成小刀形状，磨光即可使用）进行从上到下，从下到上采用“鞋匠缝合法”，压迫组织，防止截断切割组织时大量出血（因血管多而粗大），最后在钝性分离的第二层组织距离“鞋匠缝合”后缘1厘米处切除掉第二层组织，这样可将整个阴道脱出的外露部分完全切除而离体。此时第一层组织比第二层组织长1～2厘米，即进行外包内的连续或结节缝合，缝合的内层组织被全部包埋而不外露。

（5）术毕，切除端用紫药水或消炎膏涂擦后，术者将残余脱出的阴道组织还纳阴道腔内（阴门内），每日用紫药水10毫升注入阴道内，7～10天，排尿正常，创面痊愈，不必拆线，任其慢慢自行脱落。

（三）病案分析与体会

1．本病目前仍然多发，但顽固性者不如20世纪60～70年代多，当时由于农村经济不发达，缺少机械化设备，生产以畜力为主，由于畜力少、使役重，加上营养性草料不足，故本病多发。再者，由于医疗经费不足，导致顽固性阴道脱出的牛比较多见。

2．此手术方法在人医、兽医外科手术学中均无资料可查，虽然人医对妇女顽固性阴道脱出可采用开腹拉紧子宫系膜或阔韧带来防止再脱出的方法，但无体外切除疗法（因动物无月经，而妇女有月经，若一旦切除脱出部，闭锁子宫颈口，月经就不能排出体外了）。

3．本手术只能用于未妊娠的役牛或种母牛，术后会失去繁殖能力，却不影

响发情和使役能力。不过人类绝不能做体外切除术，如果切除，则女人月经时，就不能向体外排血。因为兽医给患牛手术成功后，一位男性村民因其女人也有相同病症，要求切除手术，被兽医谢绝了，并说明人为什么不能做这项手术的理由。

4. 本手术疗法在1993年试创成功后，最初手术时间为4小时，因术中试做人工子宫颈口特费时间，后几年逐渐改进手术方法，现今只需25～30分钟手术时间，比较简易，并在全国推广。

5. 本手术还运用于驴、犬等多种动物的同类疾病，手术均成功。

第五节　外科疾病

一、牛直肠穿孔手术治愈

（一）病案基本情况

1978年，浚县城关某村一耕牛因排粪困难做直肠检查，由于术者年轻无经验，动作粗暴而导致直肠穿孔。

（二）病案诊疗经过

1. 主诉

认为直肠穿孔用药无效，又不会手术，要求到兽医院住院治疗。

2. 诊疗

发病后不时努责，肛门口有少量红色血迹，用内窥镜检查发现离肛门口15厘米处下方有一个破裂孔，孔径2.5厘米，近卵圆形，决定采用本院研究的“直肠破裂体外牵引缝合法”加以缝闭治疗，获得痊愈。

（三）病案分析与体会

1. 直肠穿孔是一种死亡率很高的难医之症。目前多通过各种手术通路，如下腹切口、坐骨大孔切口、肛门旁切口、直肠内单手缝合术等方法来缝合修补破裂的肠孔。上述方法虽可使一些病例得到治愈，但存在手术时间长、术式复杂、组织损伤多和术后并发症较多等缺点，特别是医疗费用高、病死率较高，故基层兽医和养殖户多淘汰屠宰食用。

2. 兽医从1974年以来先后做过马属动物8匹、牛3头的自创“直肠破裂体外牵引缝合术”取得较理想的成果，获安阳地区科研成果二等奖，并在1978年河南省名中西兽医座谈会上现场表演，得到了基本肯定。现介绍如下：

（1）药械准备：2%盐酸普鲁卡因70～100毫升，16号长封闭针头（长15厘米）1枚，肠钳1把，剪刀1把，圆刃大弯缝合针1～2枚，100毫升注射器1支，10号缝合线、消炎粉，酒精棉球若干。

（2）施术人员：术者1人，助手1～2人，保定人员3～5人。

（3）保定与消毒：六柱栏内站立保定，会阴部用肥皂水清洗油垢、污物，常水冲洗、擦干，尾部吊起，或由助手上提，75%酒精消毒术部。

（4）麻醉方法：不需全身麻醉，仅用2%盐酸普鲁卡因70～100毫升，于尾根下和肛门上方的交巢穴处用封闭针头沿骶椎骨方向进针15厘米（注意不要刺入直肠腔内，防止方法，可一手伸入直肠腔内，另一手入针），接上含局麻剂的注射器乳头，先注射20毫升，然后一面退针一面注药至针头离体前药液注完。停20～30分钟后，由于直肠中、后神经及其分支受到麻醉，直肠组织松弛，即可实施手术。

（5）破裂肠孔体外牵引法：术者按直肠检查规程要求准备后，单手进入直肠内，找到破孔后，用食指由破裂孔进入腹腔，钩住破孔部后端的直肠壁组织，同时用拇指和中指捏住直肠孔食指位两侧的直肠壁组织，三指配合缓慢向后用力并向肛门口方向牵引，尽量将破孔牵引至肛门口外，再以肠钳紧贴肛门口夹住牵出的破孔后方的直肠组织，充分暴露直肠破裂孔。如果接近肛门口又不能再向外牵引时，由助手协助缝合闭锁破裂孔。

（6）破裂孔缝合方法：

①一般对牵出体外或接近肛门口处的破孔直肠组织，用75%酒精消毒后，即可开始缝合手术。先以连续全层缝合破孔，后用内翻缝合密闭破孔。

②对个别牵出体外的破孔部，由于直肠组织常因回缩张力较大，术者食指应先不抽出仍钩紧破孔，由助手协助缝合破口最后的1～2针，当缝线未拉紧闭锁破孔之前，术者食指再从破孔向外抽出，助手随即拉紧缝线并迅速结扎。缝合针角距离尽量缩小，防止肠内容物外溢，如果直肠松弛度较好，可做内翻缝合，确保破口严闭。

（7）术后处理：先用酒精消毒缝合部，撒布消炎粉或抗生素粉（青霉素、

链霉素等），除去肠钳，送回外牵的被缝合的直肠组织于直肠腔内复原位。

（8）术后治疗与护理：一般术后禁食1～2天，给予肠道消炎、防腐剂，每日直肠内注入紫药水5～10毫升，连用5天，防止缝合区感染。并配合全身抗生素疗法，输液补水补养。个别影响排粪的病例，严禁灌肠，可注入人用的“开塞露”（含甘油等药物）2支（每支10毫升），促其自排，也可小心以“燕子衔泥法”取出积粪，并内服石蜡油或缓泻剂，使粪便软化即可。

（9）注意事项：

①为了麻醉确实无误，严禁针头误入直肠腔内，确保麻醉效力。

②麻药用量不可过多或过少，入针交巢穴深度不能过浅，局麻剂2%普鲁卡因量一般70～100毫升，低于40毫升达不到术时要求的直肠松弛度标准。超过150～200毫升，有时会出现中毒反应，表现两后肢不能站立，公畜阴茎下垂，心跳、呼吸增数，全身肌颤，这就影响了手术进程。通常反应轻者2小时后上述症状消失。重者注射强心及兴奋剂，但不会死亡。

二、耕牛跟腱完全断裂

（一）病案基本情况　1977年，河南浚县屯子乡某村一头成年耕牛，由于脱缰，饲养员手拿镰刀在舍外追赶，并在无意之中镰刀割断左后肢跟腱，随即不能行步，患牛后肢无力，卧地时跟部跗关节着地，无其他全身症状。

（二）病案诊疗经过

1. 主诉：由于兽医站无外科手术医生，转入县兽医院治疗。

2. 全身麻醉，右侧横卧保定，因牛不易长期站立保定（吊牛器缺乏，用麻袋吊起，不能久立），如以手术疗法，将跟腱两断端对端缝合，必须采用石膏绷带固定3个关节以保证术部愈合，由于牛不适宜吊起，故改用卧地保守疗法进行处理。但在开放疗法过程中，患部创面不断渗出湿润的分泌物，创面半个月未见生长，采用“龙胆紫”（甲紫）细粉末撒布创面杀菌、拔干，很快停止了渗出，创面干燥，发出有亮光的紫色创面，经过35天，创面愈合，能助立或自己站立，50天后恢复至正常状态。

（三）病案分析与体会

1. 按常规，跟腱断裂均进行外科手术，将两侧断端吻合缝合后，打石膏绷带，马用吊马器站立保定，而牛比较困难而不能久立，采用开放疗法，虽然治愈时间延长，但从本病案分析，保守疗法也是一种可行的方法之一。

2. 由于开放疗法，患肢经常活动，创面不断受到各种刺激引起分泌物过多分泌，创面湿润影响创部愈合，采用甲紫粉撒布法取得成功，是兽医试创的一种用药方法。

3. 牛跟腱断裂如固定上下3个关节，必须吊起站立，但牛吊起困难，有时肢体活动，患部不易愈合。

第五章　著名品种介绍

第一节　鲁西黄牛

鲁西黄牛是草食性反刍家畜。哺乳纲偶蹄目（Artiodactyla）牛科（Bovidae）牛属（Bos）。鲁西黄牛以其体驱大、遗传性能稳定、挽力强、耐粗饲、宜管理、皮肤干燥富有弹性、役肉兼用而著称。20世纪80年代以前是当地农户的重要的役用牛，是当时重要的生产资料，后随着农业机械化的逐渐普及而退出。鲁西黄牛体躯高大，前躯发育好，肌肉发达，体质结实，结构匀称，适应性强，皮薄，产肉率较高，肉质鲜嫩，脂肪均匀地分布在肌肉纤维之间，形成明显的大理石花纹，有“五花三层肉”之美誉，是世界上著名的肉用品种牛之一，已经列入国家级畜禽遗传资源重点保护品种名录。

一、基本概述

鲁西黄牛（见图6-1），不仅能耕耘挽车，还可以食肉，屠宰率高达50%～55%。菏泽地区是我国鲁西黄牛集中产地，它体大力壮，肉质良好，皮质好，耐粗饲，易管理。

图6-1　鲁西黄牛

鲁西黄牛体躯高大，结构紧凑，肌肉发达，前身宽厚，背腰宽平。雄性鲁西黄牛既刚烈又驯顺，漂亮俊秀。鲁西黄牛耕作时步履沉稳，耐力耐劳，这里的农民对它都有一种特殊的感情。

周岁鲁西黄牛一般体高达1.6米，重700公斤左右，公牛前驱高大，肩峰发达；母牛后驱发育好，有强盛的生殖能力。鲁西黄牛体型结构分为三类：高辕牛、抓地虎与中间型。高辕牛适于负重、挽车、运输；抓地虎适于田间耕作；中间型兼具二者之长。

鲁西黄牛产肉率高，且皮薄骨细，脂肉兼层，分布均匀，肉像大理石的花纹，有“五花三层肉”之说。牛肉销往许多国家和地区，被誉为“山东东膘牛”。

鲁西黄牛皮质密，韧性好，先进机器能分割六层，主要销往部队，供不应求。

鲁西黄牛有许多突出的优点，但也存在一些严重的不足，如生长缓慢、增重不大、尻部尖斜、大腿肌肉欠充实、母牛乳房发育较差、泌乳期短、产乳量低等，与国外肉牛品种相比，它仍是经济效益欠佳的品种，如果不搞选育提高，很难提高其商品率和经济价值，难以培育成优质肉牛品种。

二、外貌特征

体型特征：被毛从浅黄到棕红，以黄色居多，一般前躯毛色较后躯深，公牛毛色较母牛的深。鼻与皮肤均为肉红色，部分有黑色斑点。多数牛具有完全、不完全的三粉特征，即眼圈、口轮、腹下为粉白色，俗称“三粉特征”。鼻镜多为淡肉色，部分牛鼻镜有黑斑或黑点。牛角型多为“倒八字角”或“扁担角”，母牛角型以“龙门角”较多，色蜡黄或琥珀色。公牛肩峰高而宽厚，胸深而宽，前躯发达，肉垂明显；中躯背腰平直，肋骨拱圆开张。前蹄形如木碗，后蹄较小而扁长。母牛耆甲较平，前胸较窄，头较长而清秀，口形方大，颈部较长。眼大明亮有神，四肢强僵，蹄多为琥珀色，后躯发育较好，背腰短而平直，尻部稍倾斜，尾细长呈纺锤形。鲁西黄牛体型结构分为三类：高辕牛、抓地虎与中间型。

最大挽力平均299.33千克，相当于体重的54.87%。在一般饲养管理条件下，鲁西黄牛中等个体和中等膘情的公阉牛日耕砂质土地5~6亩，鲁西黄牛母牛也可耕地3~4亩。以舍饲为主，耐粗饲。

鲁西黄牛体躯结构细致、紧凑，皮肤干燥而富有弹性，背毛一致，具有完全，或不完全三种特征（眼圈、嘴圈、腹下部至股内侧毛色为浅）。毛色棕红，深黄和革黄色为多。公牛比母牛毛色深。公牛的肩峰和肉垂较发达，后躯发育次于前躯。母牛嗜甲较平坦，后躯发育较好，鲁西黄牛背腰平直，结合良好，尾椎一般接近或超过区节。

三、分布范围

主要产于山东省西南部的菏泽和济宁两地区，北自黄河，南至黄河故道，东至运河两岸的三角地带。分布于济宁地区梁山县天河牧业、嘉祥、金乡、济宁、汶上和菏泽地区郓城、鄄城、聊城、菏泽、巨野、单县、莘县、曹县等县市。泰安以及山东的东北部也有分布。鲁西黄牛是中国著名的“五大名牛”（秦川牛、南阳黄牛、鲁西黄牛、延边牛、晋南牛）之一，又名山东膘肉牛，主产于山东梁山县、曹县，被毛呈棕红或浅黄色，以黄色居多，故名鲁西黄牛。

四、饲养管理

1. 初生犊牛的饲养管理

犊牛出生后，应首先清除鼻孔的黏液，以免妨碍呼吸，并由母牛舔净犊牛身上的黏液，如脐带未扯断，应用消毒过的棉绳扎住脐带，然后剪断，在犊牛出生1小时后能尽快吃到初乳，要确保哺乳卫生和牛栏卫生，对牛栏进行彻底洗涮消毒，要做好疾病的防治工作，防止肠炎、脐炎、肺炎、感冒等疾病的发生。喂奶要定时、定量、定温，并随时观察其精神、食欲、体温及粪便的变化。

2. 母牛的饲养管理

（1）母牛在整个繁殖过程中，每个阶段各有不同的生理特点和营养需要，配种前母牛要求身体健康、按期发情、受胎率高；妊娠期要求母牛体重增加、胚胎发育正常，犊牛出生体重大，生后生命力强；哺乳期要求母牛泌乳充足，犊牛增重快。

（2）空怀母牛（五岁以上）所需营养最小，只需满足维持需要即可，对生长发育的母牛，应在维持营养的基础上，增加生长发育所需的营养，无论什么年龄的牛都不能过肥过瘦，应该保持中上等膘情，以达到行动灵活、正常繁殖的目的。

（3）妊娠母牛应防止过度饲养，以免难产，成年母牛在妊娠期的营养和胎儿发育有直接关系，怀孕后期应做好保胎工作，防拥挤，不饮冰水，不食霉变饲料，要适当运动，防止过肥过瘦。

（4）母牛产后应喂给温水，以防产犊后腹压突然下降引起贫血，产后15~20天，即可放回原处饲养，应以青干草为主要饲料，精料量与妊娠后期差不多。

（5）产犊时间最好控制在白天，在产犊前两周把饲喂时间从下午5点推迟到9点，绝大部分能在白天产犊。

（6）淘汰母牛的育肥，当母牛年龄过大或有疾病、乳房损伤、生殖机能降低、母性不强时都需淘汰。以粗饲料和青贮饲料为主，进行短期育肥后可出售。

3. 种公牛的饲养管理

（1）种公牛的饲料要求体积小、营养价值高、适口性好。

（2）种公牛的体型要保持中上等膘情，活动灵活，精力充沛，性欲旺盛，精子品质好。

（3）种公牛的饲养分配种期与非配种期，非配种期又分为复壮期和配种预备期，各个阶段饲喂方法不同。配种期，日给精料3.5 ~ 4.0公斤，同时补充青干草、多汁饲料以及维生素、钙磷等；复壮期，即配种结束后初期，精料量不减，不再供给青干草，逐步过渡到非配种日粮；配种预备期，在配种前20~30天增加日粮，过渡到配种期日粮。

（4）刚配过种的牛，不要立即饮水，非配种期间要饮温水，并增加运动。

五、卫生消毒及杀虫

（1）大门处设消毒池，用4%的苛性钠溶液（每周更换一次）。病牛舍、隔离舍出入口要放置浸有消毒液的麻袋片（每天浸泡一次）。

（2）牛舍粪便每天清理一次。牛食槽、饮水槽等用具每天刷洗一次，每周用0.1%的新洁尔灭溶液消毒一次。

（3）环境消毒，无疫病时，每年春、秋季节进行一次环境消毒，消毒用3%的苛性钠溶液喷洒。

（4）灭蚊蝇，夏、秋季节，在牛舍内外易孳生蚊蝇场所每月用敌敌畏喷洒2次。

（5）牛粪、尿做到无害化处理。

六、驱虫药浴

（1）驱虫。每年春季，用左旋咪唑按8mg/kg体重，内服驱虫一次。每年秋季用阿维菌素按0.2mg/kg体重驱虫一次。

（2）药。每年10月份用0.05%辛硫磷乳油水溶液药浴一次（注意，药浴前要做小群安全试验）。

（3）免疫接种

①布氏杆菌病预。6～8月龄注射19号布氏杆菌苗一次，到配种前再注射一次，每次颈部皮下注5mL。

②口蹄疫预防。每年11月份注射1次口蹄疫O型活苗一次，12～24月龄注射1mL，24月龄以上注射2mL。

③破伤风预。母牛产犊后，繁殖母牛及初生犊牛立刻注射破伤风类毒素1ml。

④结核、副结核病预。犊牛出生1个月后，胸部皮下注射50mLBCG疫苗一次，且每年一次。

七、鲁西牛疾病

鲁西黄牛口蹄疫是由口蹄疫病毒感染引起的偶蹄动物共患的急性、热性、接触性传染病，最易感染的动物是黄牛、水牛、猪、骆驼、羊等。奶牛感染口蹄疫，不但奶少、干涸，而且奶牛还会带有疫毒。

鲁西黄牛牛犊（见图6-2）的潜伏期一般为2~5天，最初症状表现为体温升高，食欲减退，无精打采，接着在鼻镜、口腔、舌面、蹄部和乳房等部位出现大

图6-2　鲁西黄牛牛犊

小不一的水泡，水泡破烂后形成烂斑，严重者蹄壳脱落流血、跛行或卧地不起而瘦弱死亡。幼畜常发生无水泡型口蹄疫，引起胃肠炎，出现拉稀；有时引起急性心肌炎而突然死亡。

八、预防措施

（1）保持圈舍清洁卫生（见图6–3），每半个月用石灰水消毒一次；

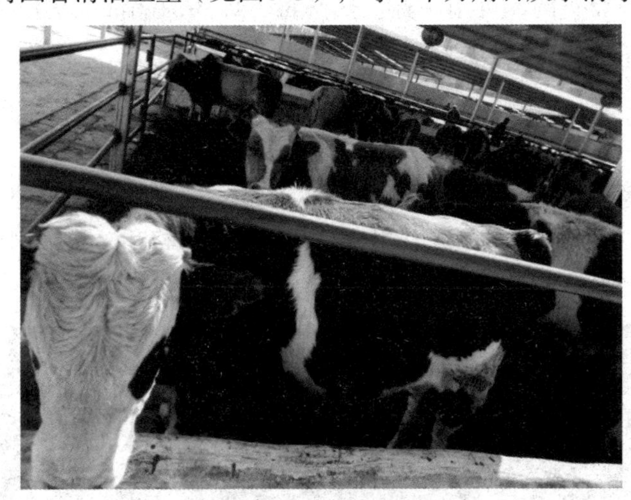

图6–3　现代化养牛场

（2）适时注射口蹄疫灭苗。25公斤以下的牛，每头肌肉注射1毫升，25～50公斤下以的牛，每头注射2毫升，50公斤以上的每头注射3毫升。牛、马等大牲畜加量一倍注射。注射半个月后产生免疫力，可预防口蹄疫的发生；

（3）一旦发生疫情，立即实行隔离封锁。对健康畜进行紧急免疫注射，对病畜及其同圈的进行扑杀无害化处理，用3%的烧碱对污染的圈舍、场地、用具等进行消毒。同时做好病畜粪便的堆积发酵处理工作。

九、治疗方法

（1）在牲畜的水泡和溃烂处，用3%的盐水或0.1%高锰酸钾水冲洗。溃烂处也可涂蜂蜜或碘甘油。

（2）口腔可用清水食醋或0.1%的高锰酸钾冲洗。也可往口腔内撒大黄粉、豆粉。

（3）对心跳特快、节律不齐的病畜，可用“乌水钙”，同时肌肉注射维生素B_1每天一次，一次2克，共4次。

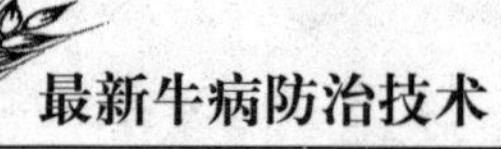

（4）蹄部可用3%来苏水洗涤，擦干后涂松馏油或鱼石脂软膏或氧化锌鱼肝油软膏，再用绷带包扎，也可将煅石膏与锅底灰各半研成粉末，加少量食盐涂在蹄部的患处。

（5）乳房可用肥皂水或2%～3%硼酸水清洗，然后涂以青霉素软膏或其他刺激性小的防腐软膏，定期将奶挤出以防乳房炎。

（6）对一般病例，可用中药清热解毒，即用凉隔散加贯促20克、豆根20克、木通20克和蜂蜜150克灌服。

十、常见疾病

1. 食道梗塞

鲁西黄牛（见图6–4）预防：主要是饲料加工规格化，块根饲料加工达到一定的碎度可以根除本病。

图6–4　鲁西黄牛散养

2. 前胃弛缓

治疗：为排出前胃内容物保用缓泻止酵剂，如硫酸钠、酒精、鱼石脂或豆油1 000毫升。

3. 瘤胃臌气（俗称胀肚）

治疗：以排出瘤胃积气和止酵为主，并结合输液等全身疗法。病轻时可将牛牵到前高后低的坡地上，高抬牛头以手牵舌诱发嗳气和用拳按摩瘤胃相配合。病重时可施瘤胃穿刺放气，放气开始时要慢慢进行，防止脑贫血的发生，术前可注射强心药。放气后0.5小时可口服止酵药物。如：鱼石脂、酒精、蓖麻油、茴香油、可用浓盐水、静注安那加，以兴奋胃肠机能。

4. 鲁西黄牛牛犊免疫预防接种

防治肉牛传染病，应以预防为主。2～3月龄的犊牛，特别是转入放牧之前，所有犊牛都要进行魏氏梭菌病的接种（如气肿疽和恶性水肿）。在断奶前的3周还要进行传染性牛鼻气管炎疫苗（IBR）的接种。在断奶后的2～3周，所有犊牛都应进行牛病毒性腹泻的疫苗接种。此外，还要进行布氏杆菌及结核病的预防接种。

五、牛肺疫（又名牛出败）

1. 症状：在临床上有三种类型。

（1）急性败血型：体温突然升高到40℃以上，脉搏加快，食欲减退，被毛粗乱，鼻镜干燥，呼吸困难，反刍停止，有时还流鼻液和眼泪，腹泻，粪中可能混有纤维蛋白甚至血液，有时尿中也可能带血，一般在24小时内死亡。

（2）牛肺疫肺炎型：病初表现为虚弱，结膜充血，心跳加快，体温升高，呼吸困难，胸膜肺炎症状逐渐明显，鼻液带血呈红色，干咳，胸部叩诊有浊音，听诊呈锣音。

（3）水肿型：病牛胸前及头颈部有水肿，重者可波及下腹，舌咽肿胀，眼红肿、流泪，流涎，呼吸困难，黏膜发绀，常因窒息或下痢虚脱而死。

2. 预防：加强饲养管理，改善牛的生活条件，吃饱睡好，避免使役牛过度疲劳。疫区每年给牛注射牛出败氢氧化铝菌苗1~2次，连续3~5年，非疫区从外地引进牛（见图6–5）须经隔离观察1～3个月，确诊无病方可入群，病死的病变部位不可食用，应予以烧毁。

图6–5　鲁西大黄牛

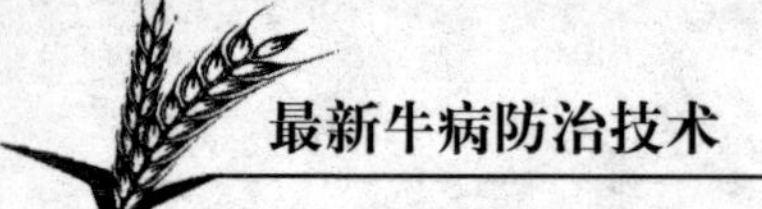

治疗：发现此病应及早隔离治疗，大牛用青霉素100~300万单位，小牛减半，进行肌肉注射，也可用10%磺胺噻唑纳溶液每头100~150毫升肌肉注射，一天2次。中药治疗为黄连、黄芩、知母、白术、白芍、厚朴、白[illegible]各40克，五味子、贝母、阿胶、泽泻、云苓各25克、火麻仁13克为引，研末开水冲服，每天1剂，连服3剂。

十一、疾病和防治

1. 食道梗塞

治疗：及时排出食道阻塞物，使之畅通。包括：将阻塞物从口中取出法（将阻塞物向口腔推压然后一人用手从口腔中取物）。

（1）送入法：将胸部食道阻塞物用食道探子向下推送入胃。

（2）打气法：将胃导管插入食道内然后打气或边插边达到推送阻塞物的目的。

（3）强制运动法：将牛头与前肢系部拴在一起，然后强制牛运动20~30分钟，借助颈肌运动促使阻塞物进入瘤胃。

2. 前胃弛缓

牛的前胃胃壁收缩无力，兴奋性减弱或缺乏。

治疗：为排出前胃内容物保用缓泻止酵剂，如硫酸钠、酒精、鱼石脂或豆油1000毫升。为加强前胃蠕动可投吐酒石酸锑钾和番木别丁，同时配合瘤胃按摩和牵引运动。当呈现酸中毒症状时可用葡萄糖盐水、碳酸氢钠、安那加静注。

3. 瘤胃臌气（俗称胀肚）

主要是牛采食大量的易发酵饲料导致大量气体产生，嗳气受阻，引起瘤胃急剧过度膨胀。

4. 瘤胃积食

瘤胃内过度充满饲料，超过正常容积，胃壁扩张，神经麻痹，瘤胃运动机能消失，不能运转所致。

治疗：要绝食1~2天，但不限制饮水。待食欲、反刍出现后，逐渐少喂一些柔软的饲草。促进瘤胃蠕动，一方面牵引运动，另一方面瘤胃按摩每日3~4次，每次0.5小时。配合下泻药物疗法；其次是促进瘤胃运动。硫酸钠或硫酸镁制成8%~10%水溶液灌服，每次量500~800克或蓖麻油。针对瘤胃酸中毒用碳酸氢钠液静脉注射。

第二节　摩拉水牛

河流型乳用水牛品种（见图6–6）。原产印度哈州及德里地区，现在印度旁遮普州和巴基斯坦旁遮普省等地有大量分布。

图6–6　河流型乳用水牛

一、产地

现广泛分布于广西、湖南、广东、四川、安徽、湖北、云南、江苏、河南、江西、陕西、贵州、福建、浙江等地。摩拉水牛抗病能力强，耐粗饲，少有疾病发生。

二、外貌特征

摩拉水牛体形高大（见图6–7），四肢粗壮，体型呈楔形，尻扁斜，皮薄而软，富光泽，被毛稀疏，皮肤被毛黝黑，少数为棕色或褐灰色，尾帚白色或黑色，头较小，鼻孔大，前额稍微突出，角如绵羊角，呈螺旋形，耳薄下垂，胸深宽发育良好，蹄质坚实。母牛乳房发育良好，乳静脉弯曲明显，乳头粗长。成年牛平均体高132.8cm，成年公牛体重450~800kg、母牛体重350~750kg。

图6-7　摩拉水牛

三、水牛常见疾病的防治

（一）传染性疾病

1. 口蹄疫

（1）病原和流行病学。口蹄疫是由微核糖核酸病毒科中的口蹄疫病毒引起的一种偶蹄类动物的急性发热性高度接触性的烈性传染病。根据病毒的血清学特性，目前已知全世界有七个主型，由于各型之间的抗原性完全不同，故无交叉免疫性。病畜是本病主要的传染源，发病初期的病畜是最危险的传染源。因为在症状出现后的头几天，病畜排出的病毒最多，毒力最强。病牛排出的病毒量以舌面水疱皮最多。其次为粪、乳、尿和呼出的气体。

（2）症状与诊断。牛感染病毒后，潜伏期平均为2～4天，最长的可达一周左右。病牛表现体温升高达40～41℃，精神萎顿，食欲减退，闭口，流涎，开口时有吸允声。1～2天后，在唇内面、齿龈、舌面和颊部黏膜发生蚕豆至核桃大的水疱。口角流涎增多，呈白色泡沫状常常挂满嘴边，采食和反刍停止。水疱经约24小时后破裂形成浅表性的、边缘整齐的红色溃疡。水泡破裂后，体温降至正常，溃疡逐渐愈合，全身状况逐渐好转。 在口腔发生水疱的同时或稍后，趾间及蹄冠的柔软皮肤上麦红肿、疼痛、瘤牛喜卧迅速发生水疱，并很快破溃出现糜烂或干燥结成硬痂。有时乳房皮肤也发生水泡。本病的发病率很高，在老疫区达50%左右，新疫区可达100%，但病死率较低，一般为1～3%，但在出现恶性型口蹄疫、病毒侵害心肌时，病死率可高达20～50%。

本病的病理变化主要是心包膜有弥散性及点状出血点，心肌切面有灰白色或淡黄色斑点或条纹，好似老虎身上的条纹，故一般称为“虎斑心”，这一变化具有诊断意义。其他除口腔和蹄部的水疱和烂斑外，在喉、气管和支气管的黏膜和前胃黏膜可见有圆形烂斑和溃疡，上面覆盖有黑棕色痂块。

根据病程呈急性经过，传播呈流行性，主要侵害偶蹄动物，一般取良性转归及亚型特征性的临床症状和病理变化可进行初步诊断。

（3）防治。本病的防治重点在于预防，每年应用与当地毒型相应的疫苗进行免疫注射，以减少或消灭潜在的疫源地，从外地引入易感畜时应进行补充免疫。

当有疑似口蹄疫发生时，除及时进行诊断外，应于当日向上级有关部门提出疫情报告，同时在疫区严格实施封锁、隔离、消毒、治疗的综合性措施，在受威胁区要做好联防堵疫工作。

提高易感家畜对口蹄疫的特异性抵抗力是综合性措施中的一个重要环节。在发生口蹄疫时，应立即用与所流行的毒型相同的疫苗对受威胁地区的易感畜进行紧急预防注射。

对病畜应在严格的隔离条件下进行一些治疗，对一些价值很高的个体可用高免血清或病愈牛的全血（或血清）进行治疗。对口腔糜烂可用食醋或0.1%高锰酸钾溶液进行冲洗。蹄部可用3%来苏儿冲洗后涂以鱼石脂软膏，并配合抗生素治疗以控制继发感染。

此外，应加强对病畜的饲养和护理（见图6–8），减少或防止继发感染造成损失。

图6–8　现代水牛养殖场

2. 炭疽

（1）病原与流行病。炭疽病是由炭疽杆菌引起的多种动物的一种急性、热性、败血性传染病。各种家畜和野生动物对本病都有易感性，其中以草食动物牛、羊、马驴等最易感，黄牛的易感性比水牛高。本病的感染渠道主要是消化道，但也有通过呼吸道和因吸血昆虫叮咬而经皮肤感染的。家畜的炭疽杆菌病多在夏季发生，呈散发性或地方性流行。

（2）症状与诊断

本病的潜伏期为1～5天。牛发生本病时按病程可分为以下几种类型：

①最急性型：牛只昏迷，突然倒卧，呼吸困难，可视黏膜呈 蓝紫色，濒死期天然孔出血，病程数分钟至数小时。

②急性型：本型最为常见，病牛体温急剧上升至42℃，精神不振，食欲反刍减弱或停止，呼吸困难，可视黏膜呈蓝紫色或有小点出血，濒死期体温急剧下降，呼吸极度困难，出现痉挛症状，1～2天死亡。

③恶急性症状与急性型相似，但病程较长，达2～5天，可在体表各部如喉部、颈部、腹下、肩胛、乳房等部皮肤发生炭疽痈。初期硬固、热痛，以后可发生坏死，有时可形成溃疡。

患本病死亡的牛只尸僵不全，天然孔出血，血液凝固不良，皮下、浆膜下结缔组织有出血性胶冻样浸润，脾脏肿大几倍，几乎成黑毛，充满了煤焦油样的脾髓和液。皮下结缔组织或消化道有界限明显的水肿区。尸体极易腐败。

临床诊断较难确诊本病。病畜死亡后若有炭疽可疑，则禁止剖检，可通过双结扎后切下一只死牛的耳朵或用消毒棉棒浸透血液送检，或用未污染的新鲜病料，如血液、渗出液等，进行培养检查。另一种较为快捷的方法是进行炭疽沉淀反应。

（3）防治：

当病、死牛只确诊为炭疽后，应向上级有关部门报告，并封锁发病场、点，对疫点内的易感家畜进行临诊检查，对假定健康畜作紧急预防注射。

本病的重点在于预防，根据各地的疫病普查情况，对经常发生炭疽及受威胁地区的易感牛只，每年均应预防接种，现在国内常用的菌苗有无毒炭疽芽胞苗和二号碳疽芽胞苗两种。在预防接种时要注意的是一个月以内的犊牛和产前两个月的怀孕母牛不能接种。

用抗炭疽血清在发病早期进行治疗具有良好效果。药物治疗可选用青霉素、磺胺嘧啶、土霉素、链霉素等，对体表炭疽痈可用普鲁卡因青霉素在肿胀周围分点注射。

3. 牛巴氏杆菌病

（1）病原与流行病学。牛巴氏杆菌病又叫牛出血性败血症，是由多杀性巴氏杆菌引起的牛的一种急性热性传染病。多杀性巴氏杆菌对多种动物和人都有致病性。本病可通过消化道和呼吸道感染，但通过吸血昆虫和皮肤黏膜的伤口也可感染，本病的发生一般无明显的季节性，但以冷热交替、气候剧变、多雨潮湿的时期发生较多，多为散发性，但病死率很高，可达80%以上。水牛对本病的易感性比黄牛高。

（2）症状及诊断。本病潜伏期2～5天，根据病状可分为败血型、浮用型和肺炎型。

①败血型牛只病初高烧可达41～42℃，精神沉郁，食欲减退或废绝。肌肉震战、皮温不整、鼻镜干燥、结膜潮红、有时候咳嗽或呻吟。稍经时日，患牛表现腹痛，开始下痢，粪便初期为粥状，后呈液状，其中混有黏液，黏膜碎片及血液，具有恶臭。拉稀开始后，体温随之下降，迅速死亡。病期多为12～24小时。

②浮肿型除全身症状外，在颈部、咽喉部及胸部的皮下结缔组织发生炎性水肿，初期热、痛而硬，后期变凉，疼痛减，同时伴发有舌及周围组织高度肿胀，舌头伸出齿外，呈暗红色。患畜呼吸高度困难，皮肤和黏膜普通发绀，病牛往往因窒息而死，病期多为12~36小时。

③肺炎型：病牛呼吸困难，有痛苦干咳，初流泡沫样的鼻汁，后呈脓性。胸部叩诊时有痛觉，听诊有支气管呼吸音和水泡性杂音。病牛初期便秘、后有下痢、具有恶臭、并混有血液、病期较长的一般可到三天或一周左右。因败血症死亡的牛只剖检呈一般败血症变化，内脏器官充血，在黏膜、浆膜及肺、舌、皮下组织和肌肉有出血点，脾脏无变化或有小出血点，淋巴结显著水肿，胸、腹腔内有大量渗出液。死于浮肿型者在咽喉部的颈部皮下有浆液浸润，切开水肿部即流出深黄色透明液体，间或杂有出血。咽周围组织和会咽软骨韧带呈黄色胶样浸润，咽淋巴结和前颈淋巴结高度急性肿胀。肺炎型病牛胸腔中有大量浆液性纤维素性渗出液，肺脏和胸膜上有小出血点，并有一层纤维簿膜，肺切面呈大理石样变。肺泡呈有大量红细胞，使肺病变区呈弥漫性出血景象，支气管淋巴结和纵膈

淋巴结显著肿大，脾不肿大。

根据流行特点，临床症状和剖检变化可作出初步诊断，但要注意与炭疽、气肿疽、牛肺疫等的鉴别诊断。

（3）防治。预防上除加强饲养管理，增强牛只的抗病力外，本病多发区每年春、秋两季应用牛出败疫病苗进行防疫接种。

治疗上，病牛初期用高免血清或磺胺类药物治疗可获得良好效果，结合抗生素如青霉素、链霉素治疗效果更佳。另外，在临床上应结合必要的对症治疗。

4. 李氏杆菌病

病原及流行病学，李氏杆菌病是由产单核细胞李氏杆菌引起的多种畜禽的一种散发性传染病。感染途径可能主要通过消化道，但呼吸道和皮肤伤口也可感染，饲料和水可能是主要的传染媒介。本病呈散发性，一般只有少数家畜发病，但病死率较高。

（1）症状及诊断。本病的潜伏期约为2～3周，但也有数天或长达两个月的。病初体温升高1~2℃，不久降至常温。幼龄牛只常发生败血症，表现为精神沉郁、呆立、低头垂耳、流涎、流鼻液，不随群行动，咀嚼吞咽迟缓，有时在口颊一侧积聚多量没有嚼烂的草料。年龄较大的牛只多发生脑膜脑炎，主要症状是头颈一侧性麻痹，弯向对侧，该侧耳下垂，眼半闭，以至视力丧失。沿头的方向旋转或作圆圈运动。遇障碍物，则以头抵靠而不动。颈项强硬，有的呈现角弓反张，后来卧地，呈昏迷状态，强使翻身又很快翻转过来，以至于死。怀孕母牛常发生流产。

根据病畜所表现的特殊神经症状，怀孕母畜流产，血液中多形核细胞增多，可疑为本病。确诊要靠微生物学方法进行。可采血、肝、脾、肾、脑脊髓液、病变脑组织作触片或涂片，格兰氏染色法镜检，如有格兰氏染色阳性、呈“V”形排列或并列的细小杆菌，可作出初步诊断。

（2）防治。预防上平时应注意驱除鼠类和其他啮齿类，防止饮水和草料被污染，不要从有病地区引入牛只。

本病的治疗以链霉素较好，但易产生抗药性；磺胺类药物也有较好的治疗作用，但治疗时剂量相应要大一些。

5. 气肿疽

（1）病原和流行病学。气肿疽是由气肿疽梭菌引起的牛的一种急性发热性疾病，本病不直接传播，呈散发性或地方流行性。气肿疽梭菌是一种格兰氏染色阳性的大杆菌，3～8×0.6微米，两端钝圆，周身有鞭毛。本病的传染源为病畜，传染途径主要为消化道，也有通过皮肤创伤感染的，主要是6个月到3岁的牛只易受感染，夏季发病较多。

（2）症状与诊断。潜伏期3～5天，最短1～2天，最长7～9天。人工感染4~8小时即有体温反应和明显的局部炎性肿胀。病程多为急性经过，以突然不适开始，体温升高到41～42℃。早期即出现跛行，相继出现本病的特征性肿胀，即在多肌肉部位发生肿胀，初期热而痛，后来中央变冷无痛。患部皮肤干硬呈暗红色或黑色，有时形成坏疽。触诊有捻发音，叩诊有明显鼓音。切开患部从切口流出污红色带泡沫酸臭液体。此等肿胀多发生在腿上部、臀部、腰部、荐部等多肌肉部位。局部淋巴结肿大，触之坚硬。食欲反刍停止、呼吸困难、脉搏快而弱。有时有疝痛。病程一般1～3天。

因气肿疽死亡的尸体因为皮下结缔组织气肿及瘤胃膨胀而显著膨胀，皮下组织呈红色或金黄色胶样浸润，有的部位杂有出血和小气泡。肿胀部位的肌肉潮湿或特殊干燥，呈海绵状，有刺激性酸酪样气味，触之有捻发音，切面呈一致的污棕色或有灰红色、淡黄色和黑色条纹，胸、腹腔有微红色至暗红色浆液，血液呈暗红色，凝结完全。脾脏无变化或被小气泡所胀大。

根据流行病学资料，临床症状和病理变化可作出初步诊断，诊断上要注意与恶性水肿、炭疽、巴氏干茵病进行区别。

（3）防治。对于本病，免疫接种是较为有效的办法，在有本病发生地区应于春、秋两季进行预防接种。

治疗是在发病数小时内给病牛静脉或腹腔或肌肉注射抗血清150~200毫升，必要时第二天再注射一次。用青霉素、磺胺嘧啶等在发病初期进行治疗也有效。局部治疗可用1～2%的高锰酸钾水溶液于肿胀周围分点注射。

6. 犊牛大肠杆菌病

（1）病原及流行病学。犊牛大肠杆菌病是由致病性大肠杆菌引起的。致病性大肠杆菌与正常寄居于动物胃肠道内的非致病性大肠杆菌在形态、染色、培养特性和生化反应等方面没有差别，但抗原构造不同。致病性菌株一般能产生一种内毒素和一到两种肠毒素。大肠杆菌是一种革兰氏染色阴性，中等大小的杆菌无芽胞、有鞭毛，对外界不利因素抵抗力不强。

（2）症状与诊断。

潜伏期很短，仅几个小时，根据症状和病理发生可分为三型：

①败血型：病犊表现发热，精神不振，间有腹泻，常于症状出现后数小时至一天内急性死亡，有时病犊未见腹泻即归于死亡。

②肠毒血型：较少见，常突然死亡。如病程稍长，则可见到典型的中毒性神经症状，先是不安、兴奋，后来沉郁、昏迷以至于死亡。死前多有腹泻症状。

③肠型：症初体温升高达40℃，食欲减退或废绝，喜躺卧，数小时后开始下痢，体温降至正常。粪便初如粥样、黄色，后呈水样、灰白色，混有未消化的凝乳块、凝血及泡沫，有酸败气味。病的末期，病犊肛门失禁，用蹄踢腹壁，病程长的可出现肺炎及关节炎症状。

根据流行病学，临床症状和细菌学检查进行综合诊断。

（3）防治。本病的预防主要是圈舍干燥清洁，对怀孕后期的母牛给予富含维生素和蛋白质的饲料，犊牛产下后要尽早让它吃到初乳。

治疗可用氯霉素，每公斤体重0.01~0.03克，每日分两次注射，或每日每公斤体重0.05~0.1克、分2~3次口服，对拉稀严重、有脱水现象的病犊还应用5%葡萄糖生理盐水进行补液，或加入碳酸氢钠等注射液，以防酸中毒。

其他传染性疾病如结核病、布氏杆菌病、副结核病、疯牛病等国内外已有报道，但在赫山区还不具有特别重要的意义。

（二）寄生虫病

寄生虫病近几年来尽管已引起人们的逐渐重视，但由于其给养牛业的生产性能和经济收入造成的损失是隐性的（一般情况下，无极为明显的特征性症状，特别是胃肠道线虫病）、慢性消耗性的。在很多情况下，即使最终造成牛只死亡也不去弄清楚病原是什么（包括农户和一些兽医人员），即这类疾病还没有引起人们足够的重视。据我们在一些地方了解，有些牛只一生都未驱过一次虫。另一方面，据一些试验观察，经过驱虫，牛的生产性能可有很大提高。在同等的饲养管理条件下，驱虫组牛只的平均日增重比对照组高200多克。

滨湖水牛寄生虫病主要有牛肝片吸虫病、犊牛新蛔虫病、牛肺线虫病、牛捻转血矛线虫病、牛焦虫病、牛锥虫病、牛球虫病等。对于牛的寄生虫病，最好根据本地的流行病学情况，制定一个驱虫计划，一般犊牛断奶时驱一次虫，一岁以上牛只在秋末和初春各进行一次预防性驱虫，这样做既达到了保健的目的，又在一定程度上起到了预防的作用，防止了寄生虫病的扩大和蔓延。

（三）营养缺乏或营养缺乏性疾病

1. 碘

过去认为碘的生理功能主要是甲状腺素的组成部分，碘不足可影响动物生长发育，对新生动物的成活，生热作用和体温调节是关键因素，但最近几年的研究发现，碘还与反刍动物的繁殖性能密切相关，碘缺乏牛的情期受胎率从73%下降到27%，缺碘母牛易发生流产或妊娠期延长，公牛缺碘时性欲下降，精液品质降低。

2. 硒

在畜牧业中，硒最初被认为是一种有毒成分，直到上世纪五十年代后期有报道硒可防止反刍动物的白肌病，硒在反刍动物营养中的作用越来越受到人们的重视。一些试验研究发现，除了严重缺硒时在临床上表现的犊牛和羔羊的白肌病外，在亚临床性硒不足时，母牛会发生繁殖机能障碍，畜群受胎率降低，空怀率增高，母牛胎衣不下，化脓性子宫炎的发病率增高。

3. 硫

日粮中硫不足时，瘤胃微生物，特别是瘤胃真菌分解粗纤维的能力降低。日粮中适宜的硫含量可以提高瘤胃微生物蛋白的合成量和干物质的消化率。

4. 锌

锌对动物细胞生物膜的稳定、精子形态和活力有重要作用，锌与母牛的繁殖性能也密切相关，缺锌最终导致生长停滞和减重，使牛只对微生物和寄生虫感染的抵抗力降低。牛的日粮中锌的需求量为50～60ppm。

5. 有机磷中毒

另一类比较常见的营养代谢性疾病是有机磷中毒（包括部分农药和毒鼠药）。牛只接触、误食或吸入某种有机磷农药或毒饵，导致体内胆碱脂酶钝化和乙酰胆碱蓄积，出现以胆碱能神经功能亢进为临床特征的中毒症。

症状。由于各种有机磷农药的毒性及其摄入量、进入途径和个体等的差异，中毒时所表现的临床症状和发展经过也有所不同。除极少数呈闪电型最急性经过外，大多数取急性经过，一般于数小时内突然发病。水牛表现精神兴奋，狂躁不安或沉郁，行走无力，步态蹒跚，甚至倒地昏迷。肌肉痉挛，眼球震颤。流泪，瞳孔缩小，眼结膜呈轻度暗红色，发绀，苍白或白中带黄，视觉障碍。食欲、

反刍、嗳气大减或废绝。流涎、空嚼、磨牙、腹痛、臌气、排稀粪或水泻，粪中有血液和胶冻样黏液。呼吸迫促，严重者呼吸困难，胸部听诊有湿性啰音，心率加快。

诊断与治疗。根据病史、症状，结合胆碱脂酶活性的测定以及有机磷的检验，不难确诊。

本病的治疗原则是立即停止给牛喂饮可疑饲料及饮水，把病牛转移到安全地区，实施特效解毒疗法。

解磷定或氯磷定，15~30毫克/千克体重，临用时以生理盐水配成2.5%~5%溶液，缓慢静脉滴注，以后每隔2~3小时注射一次，剂量减半，直到症状缓解。

双解磷和双复磷：剂量为解磷定的一半，还可肌肉注射。

硫酸阿托品：0.25毫克/千克体重，皮下或肌肉注射。对重度中毒者，可将1/3的量混于葡萄糖生理盐水中缓慢静脉注射，另2/3的量做皮下或肌肉注射。

在治疗过程中，禁止使用热水及肾上腺素、酒精、巴比妥、吗啡等药物。

第三节　牦牛

一、原产地

青藏高原地区，又称西藏牛或猪声牛或马尾牛，是肉乳役兼用牛（见图6-9）。目前出现了十大优良类群。牦牛是高原牧区主要家畜之一。全世界仅有牦牛1400多万头，大都繁衍生息在我国青藏高原及周围3000米以上的高寒地区。我国是世界上拥有牦牛头数最多的国家，约占全世界的85%。

图6-9　西藏牦牛

二、外貌特征

牦牛头大，角粗，皮松厚，鬐甲高长宽，前肢短而端正，后肢呈刀状，体侧下部逆生粗长毛，尾短并着生蓬松长毛，公牦牛头粗重，呈长方形，颈短厚且深，睾丸较小，接近腹部，不下垂；母牦牛头长，眼大而圆，额宽，有角，颈长而薄，乳房小，呈碗碟状，乳头短小，乳静脉不明显。

三、生产性能

成年体高：公129.2cm 母110.9cm；成年体重：公443.4kg，母256.7kg；性成熟年龄：12月龄；适配年龄：2岁；平均单产：274kg；乳脂率：6.37%～7.2%；适应性：适应高海拔，耐严寒，耐粗饲，耐艰苦。

四、牦牛的各种疾病

1. 牦牛炭疽

炭疽是由炭疽杆菌引起的急性人、畜共患病。本病呈散发性或地方性流行，一年四季都有发生，但夏秋温暖多雨季节和地势低洼易于积水的沼泽地带发病多。

多年来，牦牛产区有计划、有目的地预防注射炭疽芽胞苗，取得良好的效果。由过去的地方性流行转为局部地区零星散发。发生疫情时，要严格封锁，控制隔离病牛，专人管理，严格搞好排泄物的处理及消毒工作，病牛可用抗炭疽血清或青霉素、四环素等药物治疗。

2. 牦牛布氏杆菌病

布氏杆菌病简称布病，是由布氏杆菌引起的一种慢性人畜共患病。牦牛、绵羊、犬、马鹿、旱獭及灰尾兔等均可感染此病。能引起生殖器官、胎膜及多种组织发炎、坏死。以流产、不育、睾丸炎为主要特征。母牦牛感染布病后除流产外，一般没有全身性的特异症状，流产多发生在妊娠5～7个月时；公牛患布病后出现睾丸炎或附睾炎；犊牛感染后一般无症状表现。

在牦布病免疫学预防方面，先后用布氏杆菌M5号菌苗、19号菌苗、S2号菌苗等进行气雾或饮水免疫；用MB32弱毒菌苗，进行皮下接种，室内、外气雾免疫，免疫期达一年以上。牦牛饲牧人员要加强自身的防护，特别是牦牛发情、配种、产犊季节，要搞好消毒和防疫卫生工作。

3. 牦牛巴氏杆菌病（牦牛出败）

巴氏杆菌病又称出血性败血症，是由多杀性巴氏杆菌引起的多种动物共患的一种急性、热性、败血性传染病。以高温、肺炎、争性胃肠炎及内脏器官广泛出血为特征，故又称牦牛出血性败血症，简称“牛出败”。1岁以上牦牛发病率较高，分为急性败血型、水肿型和肺炎型。以水肿型为最多。病牛往往因窒息、虚脱而死亡。病程12 ~ 36小时。多呈散发性或地方流行性，一年四季均可发生，但秋冬季节发病较多。

早期发现该病除隔离、消毒和尸体深埋处理外，可用抗巴氏杆菌病血清或选用抗生素及磺胺类药物治疗。预防注射用牛出血性败血症疫苗，肌肉注射4~6毫升，免疫期为9个月。

早期发现该病除进行隔离、消毒和尸体深埋处理外，可用高免血清、抗生素及磺胺类药物治疗。

4. 牦牛沙门氏菌病

沙门氏菌病又称副伤寒，是由沙门氏菌属的一种或多种血清型的沙门氏杆菌引起的人和动物染病的一种疾病的总称。尤其是对幼畜危害严重，其中以15~60日龄的犊牛发病较多。一般病初时体温升高（达40~41℃），呼吸急促，咳嗽或表现肺炎症状，流浆性鼻液，后变为黄白色的黏性鼻液；哺乳次数减少，采食异物（毛、泥土等）；眼红并肿胀、流泪；病重时肛门红肿且所排粪便呈白色或混有未消化的乳块。

发现病牛要及时隔离治疗。发病初期用青霉素、链霉素、氯霉素配合治疗，可收到一定疗效，也可用特异性免疫血清治疗。预防注射牛副伤寒氢氧化铝灭活疫苗，1岁以下1~2毫升，一岁以上牛注射两次，每次2毫升（间隔10天），免疫期6个月。

5. 犊牦牛大肠杆菌病

犊牛大肠杆菌病是由病原性大肠杆菌（埃希氏大肠杆菌）引起的一种犊牛急性传染病。临床上主要表现为剧烈腹泻、脱水、虚脱及急性败血症。犊牦牛大肠杆菌病在牧区普遍存在，多发生于生后1 ~ 4日的犊牛。

国内对犊牛大肠杆菌病的治疗，方法颇多。某畜牧兽医科学研究所自制高免血清，结合应用抗生素、呋喃类药物获得显著治疗效果。

预防注射牛副伤寒氢氧化铝灭活疫苗，1岁以下1~2毫升，一岁以上牛注射两次，每次2毫升（间隔10天），免疫期6个月。

6. 牦牛传染性胸膜肺炎（牦牛牛肺疫）

牦牛传染性胸膜肺炎是由牛丝菌霉形体引起的一种接触决策慢性或亚急性传染病，其主要特征是呈现纤维素性肺炎和胸膜肺炎症状。病初只表现干咳、流脓性鼻液，采食及反刍减少，以后随病程发展，病牛日见消瘦，呼吸困难，颈、胸、腹下发生水肿，约1周后死亡。

无特效药物，发病早期用四环素和链霉素有一定的疗效。用牛肺疫兔化绵羊化弱毒冻干菌免疫注射，2岁以下牛注射1毫升，成年牛注射2毫升，肌肉注射，免疫期1年。在牧区推广应用，控制了牦牛牛肺疫的发生。

7. 牦牛钩端螺旋体病

牦牛钩端螺旋体病是由致病性的钩端螺旋体引起的人畜共患急性传染病。

8. 结核病

结核病是由结核分析杆菌引起的人畜共患的一种慢性传染病。其病原为牛型结核菌。

用结核菌素进行皮内变态反应是诊断牦牛（畜禽）结核病的主要方法，但由于牦牛个体不同，结核菌菌型不同等因素，目前还不能将病牦牛全部检出，有时还可能出现非特异性反应，因此在不同情况下要结合流行病学、临床症状、病理变化和病原学诊断等方法进行综合判断。近年试用荧光抗体技术诊断结核病。

应加强定期检疫，对检出的病牛要严格隔离或淘汰。若发现为开放性结核病牛时，应立即进行扑杀。除检疫外，为防止传染，要做好消毒工作。犊牛出生后进行体表消毒，与病牛隔离喂养或人工喂健康母牦牛的奶，断奶时及断奶后3~6个月检疫是阴性者，并入健康牛群。对受威胁的犊牛可进行卡介苗接种，1月龄时胸部皮下注射50~100毫升，免疫期为1~1.5年。

9. 犊牦牛弯曲菌病

弯曲菌病又称弯曲菌肠炎，是由空肠弯曲菌引起的一种新的人畜共患急性腹泻病，主要危害幼儿和幼畜。临床上以发热、腹泻、腹痛为主要特征。

氯霉素、四环素、痢特灵等药物均有明显疗效，酸乳和乳清对犊牦牛弯曲菌病有防治效果。

10. 牦牛嗜皮菌病

嗜皮菌病是由刚果嗜皮菌引起的一种人畜共患皮肤传染病。各种年龄的牦牛均可发病，主要表现为口唇、头颈、背、胸等部的皮肤出现豌豆大至蚕豆大的结节。发病后精神、食欲无显著变化，呈慢性经过，大多可自愈。

发现病牛隔离治疗，患部剪毛清洁后，涂擦5%灰黄霉素液体石蜡合剂或热硫磺石灰水，每日一次，一般7天可完全治愈。

11. 牦牛皮霉菌病

皮霉菌病是由多种皮霉菌引起的畜禽和人体的体表质化组织（皮肤、毛发、指甲、爪、蹄等）的传染病，不侵害皮下深层组织。

及时采取正确的治疗，用5%灰黄霉素液体石蜡油合剂涂擦，每日一次，一般7日可治愈。

12. 牦牛肉毒梭菌中毒病

肉毒梭菌中毒病简称肉毒中毒，是因吸收肉毒梭菌毒素而发生的一种人畜共患的中毒病。据观察牦牛梭菌中毒病多发生于成年母牦牛，尤其是泌乳期的母牦牛。

在防治方面，青海省曾用自制高免血清治疗早期病牛。由青海省兽医生物药品厂制造的肉毒梭菌C型明胶菌苗，已列入部颁《兽医生物药品制造与检查规程》。现又试制小剂量的肉毒梭菌C型干粉苗，使用方便。

13. 牦牛口蹄疫

口蹄疫是由口蹄疫病毒引起的急性传染病。主要侵害偶蹄兽，具有高度的接触传染性。牦牛易感染口蹄疫，人也可感染发病。临床上以口腔黏膜、蹄部和乳房皮肤发生水泡和溃疡为主要特征。

口蹄疫病毒具有多型性，在牦牛中流行的口蹄疫病毒型为O型和A型（A型死亡率低，O型死亡率高）。口蹄疫病毒对外界环境抵抗力很强，尤其能耐低温，在夏天草场上只能存活7天，而冬季可存活195天。

每年春秋两季分别用O型和A型疫苗进行预防注射。一旦发病，除对疫区进行封锁外，必须对尸体进行焚烧深埋处理。

14. 牦牛黏膜病

牛黏膜病又称牛病毒性腹泻，是由披风病毒科瘟疫病毒属的黏膜病毒引起的牛的急性或慢性传染病。多数呈隐性感染。急性病例呈现发热、白细胞数减少、口腔及其他消化道黏膜出现糜烂或溃疡、腹泻等症状。慢性病例常有持久感染症状。

在免疫学预防研究方面，陈永等研制牛病毒性腹泻—黏膜病Oregon C24V冻干弱毒疫苗，用来预防牦牛黏膜病有很好的免疫效果。但该疫苗目前成本较贵，对怀孕母牛不够安全。西南民族学院试用猪瘟兔化弱毒疫苗免疫牦牛黏膜病取得满意效果。

15. 牦牛牛瘟

牛瘟俗称烂肠瘟、胆张瘟。是由牛瘟病毒引起的偶蹄兽尤其是牛换刀性、发热性、败血性传染病。病的特征是各黏膜特别是消化道黏膜的发炎、出血、糜烂和坏死。

政府组织大批兽医人员，参加牛瘟防治工作，并组织专门力量，研制适合于牦牛免疫的疫苗—绵羊适应山羊化兔化牛瘟苗（绵羊兔毒），控制了牦牛牛瘟流行，至1955年在全国范围内消灭了牛瘟。

16. 牦牛传染性角膜结膜炎

牦牛传染性角膜结膜炎是一种地方性流行性眼病。通常呈急性经过。临床特征为眼红膜和角膜眼显发炎、大量流泪、不同程度的角膜浑浊或呈乳白色。

国内用3～5%弱蛋白银溶液或氯霉素眼药水或青霉素溶液滴眼均有效。

五、主要寄生虫病防治

1. 牦牛肝片吸虫病

肝片吸虫病又称肝蛭，由吸虫纲片形科肝片吸虫寄生在肝脏胆管、胆囊内引起的一种寄生虫病。引起急性或慢性肝炎或胆囊炎，伴发全身性中毒和营养障碍，表现为腹泻、消瘦、胸下水肿等症状，常造成大批死亡。人偶有感染。

牦牛肝片吸虫病，分布普遍，感染率为20～50%，感染强度大（1～100条）。

牧民们知道沼泽低湿地带放牧牛、羊，容易感染肝片吸虫病。因此他们对利用沼泽地有丰富的经验，（1）春季一般是半天利用沼泽地、半天利用干燥地放牧，暴雨后不利用沼泽地；（2）每年冬季轮换烧沼泽地，以消灭肝片吸虫的中间宿主——锥实螺。

患牛用丙硫苯咪唑、蛭得净、肝蛭净等药物进行治疗性驱虫。预防性驱虫应在每年12月至翌年1月进行。

2. 牦牛棘球蚴病

牦牛棘球蚴病又称牦牛包虫病，是由某些绦虫的中绦期囊体——棘球蚴寄生肝、肺等脏器引起的一种人畜共患的寄生虫病，对人畜的危害都严重。在我国牧区分布广泛。在四川感染率达88.84%，其感染强度从数个至十余不等。

病牛随肝肺脏内棘球蚴的长大，出现消瘦、反刍无力、臌气，有的出现黄疸或喘气、咳嗽，严重者因乏弱、窒息而死亡。

由于棘球蚴寄生在肝肺脏的深处，受临床诊断、治疗受很多条件限制，主要防治的措施是对狗驱虫，加强牛羊的屠宰管理，对寄生棘球蚴的肝脏肺脏进行深埋或焚烧处理，严禁喂狗。

3. 牦牛的肺丝虫病

牦牛的肺丝虫病主要由圆形亚目网尾科网尾属的胎生网尾线虫寄生的气管和支气管引起，主要危害犊牦牛，病牛主要症状为咳嗽、气喘或呼吸困难，流黄色脓性鼻液，食欲减退，消瘦或贫血。多在冬季死亡。

流行区在冷季前可普遍驱虫，感染犊牛可随时驱虫。用四咪唑每千克体重5毫克、左旋咪唑每千克体重6毫克和丙硫苯咪唑每千克体重30毫克，均为一次性口服。以及伊维菌素每千克体重0.2毫克，一次皮下注射，均有良好的预防和治疗效果。

4. 牦牛胃肠道线虫病

牦牛胃肠道线虫病，在我国牦牛分布地区广泛存在，且多为混合性感染，是牦牛群中严重的寄生虫病之一。感染牦牛因寄生线虫吸血，引起贫血、眼结苍白、消瘦、消化紊乱及腹泻、下颌间隙水肿，被毛粗乱，严重者致死。

在冬、春季对牦牛驱虫，有良好的预防冷季乏弱的效果。用国产5%磷酸左旋咪唑注射液4~6毫克/千克体重的剂量皮下注射，丙硫苯咪唑按30毫克/千克体重的剂量一次口服，对牦牛捻转血矛线虫、仰口线虫、结节虫、毛首线虫的驱虫率为100%。

5. 牦牛球虫病

球虫病是由孢子虫纲艾美耳球虫科中的多种寄生性的球虫引起。对牛、兔的危害较严重，特别是幼龄动物。本病广泛分布，尤其潮湿地区往往呈地方性流行及大批死亡。

本病用SMP和青蒿制剂治疗有效。氯苯胍10～20毫克/千克体重日量，早晚内服，疗效达95.06%。

6. 牦牛牛皮蝇蛆病

牛皮蝇蛆病是危害较严重的一种蝇蛆病，在牦、犏牛中流行极为普遍，青海、甘肃个别地区曾发现有人感染牛皮蝇幼虫，并引起严重病症的报道。

用伊维菌素按每50千克体重皮下注射1毫升，以倍硫磷原液按每100千克体重0.5～0.6毫升剂量肌肉注射和倍硫磷微型胶囊按每100千克体重7～9毫克皮下包埋的效果为好，杀虫率均为100%。

7. 牦牛的外寄生虫

牦牛的外寄生虫，主要有腭虱、毛虱、蠕形蚤、蜱等。主要寄生在体表被毛稀少的部位，在胸背部、肩胛部，一般全身都可见到。寄生在颈部、肩胛部、臀部。牦牛感染外寄生虫表现为躁动不安，影响采食或卧息反刍，致生长缓慢、贫血、产奶量下降、体重降低甚至死亡。

牦牛感染外寄生虫后，首先对棚圈、用具等进行消毒杀虫，并用敌百虫、蝇青灵、螨净、羊癣灵、倍硫磷等涂擦患部或喷洒、药淋及药浴可获得良好的效果。也可用伊维菌素按每50千克体重皮下注射1毫升，可驱杀所有的体表寄生虫，且安全可靠。

8. 牦牛脑包虫病

牦牛脑包虫病是由寄生于狗、狼、狐等体内的多头绦虫的幼虫——多头蚴寄生于牦牛脑部而引起，故又称牦牛多头蚴病。由于寄生于脑的部位不同，病牛的表现有异，主要症状有食欲减少、呆立、垂头直行、侧转圈、反射迟钝、角膜浑浊等。随着虫体增大转圈半径变小，后期病区头部变软。

预防和治疗该病可用吡喹酮，每千克体重口服30毫克。患病后期用手术摘除效果好。为有效防制该病发生，应对其病原的最终宿主——狗进行定期驱虫（每年四次），深埋或焚烧狗粪，限制狗活动范围等。

六、普通病防治

1. 犊牛胎粪滞留

牦牛犊出生后，吃足初乳一般在24小时内排出胎粪，如48小时内未排出，则为胎粪滞留。犊牛表现为不安，拱背努责，回头望腹，舌干口燥，结膜多呈黄色。在直肠内可掏出黑色浓稠或干结的粪便。可用温肥皂水灌肠、口服食用油或

液体石蜡50~100毫克。

2. 犊牛脐炎

脐炎是犊牛出生后，脐带断端感染细菌而发炎。多为卧息时脐带被粪尿、污水浸渍而感染。脐带肿胀甚至流脓，严重时脐带坏死，体温升高。将脐带周围剪毛和消毒，涂5%碘酒与松馏油合剂。有脓肿或坏死时，清除坏死组织，用消毒液、双氧水消毒杀菌后撒上抗菌消炎粉，再用绷带包扎。

3. 犊牛消化不良（腹泻）

又称犊牛胃肠卡他，多发生在出生后12~15日龄牛犊。主要是由母牛挤奶过多，牛犊吃初乳不足，饥饱不匀，天气变化，卧息过久及受凉等引起。病犊以腹泻为主要特征，粪便呈粥状或水样，暗黄色，后期排出乳白色或灰白色的稀便，恶臭；病犊很快消瘦，严重者脱水。治疗用呋喃类和磺胺类药物，如脱水可静脉注射适量5%葡萄糖盐水。

4. 犊牛肺炎

由天气骤变、寒冷、潮湿，哺乳不足，犊牛体弱等引起。多发生于2月龄以上犊牛。主要表现为咳嗽，体温升高（40~41.5℃），喘气甚至呼吸困难，最后心力衰竭而死亡。治疗用青霉素或磺胺二甲基嘧啶。

5. 牦牛瘤胃积食

该病是由于牦牛采食大量青草或块根类饲料，吃干草后饮水不足，误食碎布、塑料或其他异物等造成幽门堵塞或瘤胃内积食过量、扩张。故又称急性瘤胃扩张。病牛采食及反刍逐渐减少或停止，粪便减少似驼粪，腹围增大，左肷窝平坦或凸起，触摸瘤胃有充实坚硬感。

为排除瘤胃内容物，可用熟菜籽油（凉）0.5~1千克，一次灌服，可连用两天。为提高瘤胃的兴奋性，可用烧酒100~200克加水0.5升或酒石酸锑钾5~10克溶于大量水中灌服；如伴有膨气而呼吸困难时，灌服0.5~1千克食醋或白酒250~300克加水0.5升，以制酵排气；也可用套管针穿刺瘤胃放气。

6. 牦牛有毒牧草中毒症

在青草萌发或缺草时，牦牛误食有毒牧草（毒芹、飞燕草、棘豆草等）而中毒，特别是幼龄牦牛中毒较多（见图6-10）。一般在采食毒草约1小时后出现中毒症状，轻者口吐白沫，食欲减退；重者行走摇摆，呼吸加快，起卧不安。治疗可用酸奶0.5千克或脱脂乳1千克、食醋0.25~0.5千克灌服。

图6-10　野外散养牦牛

7. 牦牛的难产

牦牛本品种繁育及用黄种公牛自然交配繁殖时难产很少，采用普通牛冷冻精液杂交改良牦牛中，难产病例较多，发病率高达20%。牦牛的难产主要是因胎牛过大，胎牛不能正常通过母牦牛骨盆和软产道所引起的难产。一般可采用助拉、阴门切口等助产方法，必要时进行剖腹手术助产。

8. 牦牛子宫脱出

兽医临床较为常见，特别是用普通牛冻精配种，杂种胎牛体大，难以正常分娩，分娩或牵引胎牛时子宫连同胎衣脱出。子宫脱出常见于经产母牦牛和体弱母牦牛，患牛体弱常卧地，使脱出子宫拖地，被粪土、草屑等污染，子宫发生淤血，继而发炎或坏死。

治疗时，前高后低站立或侧卧保定患牛，掏尽患牛直肠内的积粪，以防恢复中排粪污染子宫。先用生理盐水彻底冲洗脱出的子宫，剥离附着的胎衣，用5%盐酸普鲁卡因涂擦子宫内膜（以让患牛停止努责）；再用手小心推进，将脱出的子宫推回原位，灌注适量抗生素药液、药粉或药片；术后连续使用青霉素、链霉素等抗生素药物三天以上。若出现坏死，可采用子宫切除手术治疗患牛。

9. 牦牛胎衣不下

母牛正常分娩时，产出胎牛12小时后仍未排出胎衣者称为胎衣不下，此病例较少，分全胎衣不下和部分胎衣不下。胎衣经2~3天就会腐败，从阴门排出红褐色恶臭黏液，引起自身中毒，体温升高，采食停止。常见于初产母牛及10岁以上

老龄母牛。

病初可在子宫内灌注抗菌素（青霉素、土霉素等），防止胎衣腐败，待胎衣自行排出。也可注射缩宫素排出胎衣。

10. 牦牛创伤

牦牛角细长而尖锐，角斗致伤时有发生，驮牛易受鞍伤，也有异物刺伤皮肤、蹄，摔伤也时有发生。有未感染的新创伤，也有因牦牛体表覆盖长毛未及时发现而感染的创伤，甚至出现化脓溃烂等。

新创伤应先剪去其周围的被毛，用0.1%的高锰酸钾液清洗创面，消毒后撒上消炎粉或青霉素粉，然后用消毒纱布或药棉盖住伤口。有出血的，撒上外用止血粉，裂口大者，消毒后应先缝合再包扎伤口。流血严重时可肌注止血敏10~20毫升或维生素K310~30毫升。

已感染的创伤，先用消毒纱布将伤口覆盖，剪去周围的被毛，用温肥皂水或来苏儿溶液洗净创围，再用75%酒精或5%碘酒进行消毒。化脓创伤，应先排出脓汁，刮去坏死组织，用0.1%高锰酸钾液或3%双氧水将创腔冲洗净，再用生理盐水冲洗，用棉球擦干，撒上消炎粉或去腐生肌散、抗生素药粉，每日一至二次。

第四节　中甸牦牛

中甸牦牛，1986年列为国家畜禽遗传资源名录，是适宜特殊地理环境的牛属牦牛亚属原始地方品种，属肉乳毛皮兼用型牦牛。

一、产地分布

中甸牦牛是我国主要牦牛类群之一，主产于海拔2900~4900m之间的迪庆州中北部高寒地区香格里拉县建塘镇、格咱、尼汝、东旺，德钦县升平镇、羊拉、佛山等地的高寒草甸草场，亚高山（林间）草场、沼泽草甸草场和亚高山、山地灌丛草场等几类草地。其他在全州的各地高寒山区和周边乡城、德荣、稻城等地有分布，海拔2500m ~ 2800m的中山温带区的山地有零星分布。

二、品种特性

中甸牦牛体格健壮四肢短而结实，头大额宽，体躯深厚，皮薄无汗腺，被毛密长，尾短毛长形如帚，具有耐寒、耐缺氧、耐粗、耐牧、抗逆性强、泌乳力高的特点。中甸牦牛极适高海拔气候自然环境和低矮草丛，不耐湿热及蚊虫，乳脂含量高，肌肉粗蛋白含量高，氨基酸含量丰富，骨骼游离钙离子丰富，性成熟较晚，繁殖力低，生长相对缓慢。

生活习性

野牦牛一年四季生活的地方不一样，冬季聚集到湖滨平原，夏秋到高原的雪线附近交配繁殖。野牦牛性情凶猛，人们一般不敢轻易触动它，触怒了它会以10倍的牛劲疯狂冲上来，有时还会把汽车撞翻。中国牦牛占世界总数的85%，其中多数生长在西藏高原。

三、体貌特征

体格健壮结实，体型大小不一。公牛性情凶猛好斗，母牛性情比较温顺。毛色以黑色为多，其次为黑白花。公母牛均有角，角细长向外上方伸展，角尖稍向前或向后，角为黑色或灰白。额宽面凹，眼圆大稍凸，耳较小而下垂。颈细薄无肉垂，胸深大，背腰平直而稍长，臀部倾斜，尾短毛长，形如帚。四肢短。被毛长，尤以四肢及腹部裙毛甚长，长者可及地。公牛体高为113厘米，体重为230千克；母牛分别为105厘米和190千克；阉牛分别为120厘米和300千克。

四、生产性能

泌乳期一般为210~220天，在带犊哺乳的条件下，每头母牛产奶202~216千克，乳脂率为6.2%左右；不带犊的母牦牛年产奶529~575千克，乳脂率为4.9~5.3%。未经肥育的成年牛屠宰率为48%，净肉率为36%。母牛一般4岁开始配种，繁殖率为66%，成活率为93%。

第五节　天祝白牦牛

天祝白牦牛（见图6–11）是中国稀有而珍贵的地方牦牛类群，是经过长期自然选育和人工选育而成的特有畜种。它不仅是甘肃省宝贵的畜种资源，也是中国乃至世界珍稀的牦牛种质资源，已被列入国家级畜禽保护品种。

天祝白牦牛产区天祝藏族自治县，位于甘肃省中部，祁连山脉的东端，青藏高原北边。境内南部有终年积雪的马雅雪山，东部有毛毛山，乌鞘岭横跨中部。地势复杂，地貌类型多样，沟谷长深，山系纵横交错。海拔2040～4874m，无霜期90～120d，年均气温-0.2℃～1.3℃，气候寒冷，最低气温-30℃，降水量300～416mm。相对无霜期77.8～95.8d。拥有天然草原39.14万公顷，灌丛放牧林地11.42万公顷。全县23万人，饲养各类牲畜60万头（只），其中有牦牛9万头，牦牛中有白牦牛3.94万头，占牦牛总数的40%。天祝藏族自治县具有繁育白牦牛优越的生态环境和得天独厚的自然条件。

图6-11　天祝白牦牛

一、品种形成

天祝牧区的藏族人民历代饲牧牦牛，具有丰富的饲养与管理经验。据藏族牧民介绍，相传100多年前，天祝地区人烟稀少，水草丰美，藏族牧民逐水草游牧，在天祝马雅雪山草原上饲牧的牦牛中就有白色个体。在我国明朝的藏传佛经中就有白色牦牛的记载。由于天祝白牦牛不仅是当时给朝庭的贡品，而且毛能染色，所以其经济价值高，是远销国内外的珍品，可制作古戏装和圣诞老人的胡须、蝇拂、刀剑缨穗及假发等，加之肉质鲜嫩，食之有野味，深受消费者青睐。因此，来天祝收购毛、肉的商人多，促使当地牧民历来就注重繁育白牦牛。新中国成立后，党和政府重视发展畜牧业，积极开展白牦牛的选育工作，使白牦牛的数量迅速增加，质量显著提高。特别是改革开放以来，成立了天祝白牦牛保种选育领导小组和天祝白牦牛育种实验场，专门从事白牦牛的保种选育工作，并确定了"肉毛兼用"的选育方向，制定了选育计划——《天祝白牦牛评级试行标准》及种质资源保护实施方案，建立了选育区和育种核心群，使天祝白牦牛品种资源的保护及开发利用得以科学有序地进行。可以说，天祝白牦牛是在原有少量白牦牛的基础上，经产区劳动人民不断选育而发展起来的。

二、外貌特征

天祝白牦牛全身被毛纯白，密长且丰厚，耐严寒（见图6–12）。头部发育正常，眼大有神（选留黑眼圈的），有角或无角，角粗长，黄褐色，角型向外上方或向后上方月牙形伸出，角轮明显，角尖锋利。嘴唇圆而薄，采食灵活。体型结构紧凑，全身肌肉发育良好，皮肤为粉红色，大多数有黑色素沉着斑点。前躯发达，胸宽而深，耆甲高，后躯较前躯差，但发育正常，尻部一般较窄。四肢粗短，结实有力。偶蹄，蹄形小而圆，蹄叉闭合良好，蹄壳呈黑色或淡黄色，质地致密，善爬山。尾形如马尾，体躯各突出部位，肩端至肘，肘至腰角，腰角至髋结节。臀端联线以下，包括胸骨的体表部位，以及项脊至颈峰，下颌和垂皮等部位，着生长而光泽的粗毛（或称裙毛）同尾毛一起围于体侧，胸部、后躯，四肢、颈侧、背侧及尾部，着生较短的粗毛及绒毛。公牦牛头大额宽，头心毛曲卷，眼大有神，雄性突出，鼻镜小，颈粗，垂皮不发达，耆甲明显隆起，前躯宽阔，胸部发育良好。睾丸较小，被阴囊紧裹。母牦牛头部清秀，额较窄，有角或无角。外表特征是全身毛长。尤其是额部毛很长，往往眼睛被覆盖，嘴和鼻孔比公牦牛稍小而瘦凸，颈细薄，耆甲稍高，身躯发育协调，腹大而圆不垂，乳房小，乳头短，着生均匀，大小相称，发育良好。

图6–12 白牦牛

天祝白牦牛是牦牛亚属的一个白变种，体高居中，体态结构紧凑，前躯发育良好，鬐甲隆起，后躯发育较差。两性异形显著。公牦牛头大额宽，头心毛卷曲。角粗长，浅黄色，角尖向外上方或外后上方弯曲伸出，角尖细，角轮明显。口大唇薄而灵活，鼻孔大，鼻镜小。颈粗，无垂皮。鬐甲显著隆起，肌肉较母牦牛发育好。前躯宽阔，后胸发育良好，腹稍大但不下垂，后躯发育较差，荐部

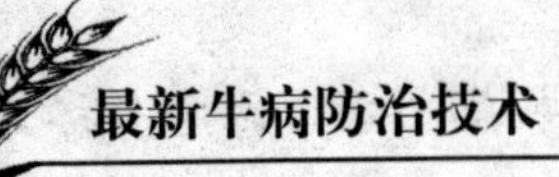

高，尻多呈屋脊状，斜而窄。全身皮肤粉红色，多数有黑色斑点。四肢较短，骨骼结实，蹄小而质地致密，蹄壳黑色。睾丸较小，被阴囊紧裹。母牦牛头大小适中而俊秀，额较窄。角细长，口和鼻子稍小。颈细薄，鬐甲稍高，背线较平，不像公牦牛起伏急剧。腹较大，一般不下垂。乳房发育差，乳静脉不明显，乳头短。被毛密长，丰厚而纯白，体躯各突出部位着生长而富有光泽的粗毛（也称裙毛），颈侧、背部、尻部着生较短的粗毛及绒毛，尾毛蓬松。

三、生产性能

1. 生长发育

天祝白牦牛晚熟，一般4岁大才能成熟。出生重公犊牛10~13kg，母犊牛为8~11kg。平均断奶日龄20d，断奶重70kg。初生至4岁，公牦牛增重200~230kg，母牦牛增重160~180kg，1~2岁增重最快，母、公牦牛年均增重58~60kg，母牦牛相应为57~59kg。

繁殖性能

天祝白牦牛繁殖性能与当地黑、花牦牛基本无差异，一般母牦牛12月龄第一次发情，初配年龄母牦牛为2.5~3岁，初配体重160kg，一般4岁才能成熟。发情季节为6~11月份，个别母牦牛12月份也发情，7~9月为发情旺季。发情持续期多为12~48h，因年龄、气温、体况及营养等因素的不同而有较大的差异，强度比普通牛种弱，不易辨认。发情周期为22.19 ± 5.49d，具有一次发情受胎率高的特点，平均为76.5%。怀孕期为255d。多为两年产一犊或三年产二犊，产犊母牛大多当年不再发情，连产母牛占6.07%~15.02%。产后到第一次发情间隔时间平均为105d。终生可产犊6~9头，最高可达20头。

公牛一般在10~12月龄时，具有明显的性反射，但多数不能发生性行为。在2周岁即具有配种能力，但实际在母牛群中参与初配的年龄为3 ~ 4岁，利用年限为4 ~ 5年，8岁以后很少能在大群中交配。均为自交，公母配种比例为1 : 15 ~ 1 : 25。据试验采精测定，供体种牛射精量为0.5 ~ 2mL，精子数8.0 ~ 13.4亿/mL，原精活力为0.7~0.9以上。

截止2012年底天祝白牦牛现存栏4.5万头，占全县牦牛总数8.95万头的50.3%，其中松山、西大滩、石门等八乡镇为主产区，数量约2.5万多头，占天祝白牦牛总数的55%以上。毛色纯白、遗传性能稳定的纯种天祝白牦牛有0.4万头，占天祝白牦牛总数的8.9%。

产绒、毛性能

天祝白牦牛一般在6月中旬剪毛（对公牛进行拔毛），每年剪（拔）毛一次，在剪（拔）毛前先进行抓绒，尾毛两年剪一次。成年公牦牛平均剪（拔）裙毛量为3.86kg，抓绒量为0.46kg，尾毛量为0.68kg；成年母牦牛相应为1.76kg、0.36kg、0.43kg；阉牦牛相应为1.97kg、0.63kg、0.41kg。全身被毛纤维分为粗毛、绒毛和两型毛，不同类型毛纤维中，无髓毛占75%以上，是天祝白牦牛毛的显著特点，也是其贵重品质的主要标志。成年牛粗毛（尾毛）最长达52.3cm，细度为68.45μm，断裂强度高达96.6g，伸度为42.8%。绒毛长度4.5cm，细度为27.65μm，强度和国产山羊绒的强度接近，伸度与粗毛接近。两型毛的细度为43.4μm。

产乳性能

天祝白牦牛在高山草原放牧条件下，产乳母牦牛带犊自然哺乳，一般对产第一胎的母牦牛（牧民称为头玛）不挤乳，主要是调教母牦牛让犊牛哺饮；产乳年龄3~15岁，6~12岁为产乳盛期，年产乳量为450kg左右，其中2/3以上的乳由犊牛哺饮。6~9月份为挤乳期（农历5月5日端午节至8月15日中秋节），挤乳期为105~120d，日挤乳一次，日挤乳量0.5~4.0kg，乳脂率为6%~8%，另据乳成分测定，挤乳期平均干物质16.91%，脂肪5.45%，蛋白质5.24%，乳糖5.41%，灰分0.77%。密度1.0387，热能值871.2千卡/kg。乳脂肪球平均直径为4.13μm。改善饲养管理条件可提高产乳量。

产肉性能

产肉性能好。天祝白牦牛肉水分66.2%，蛋白质20.20%?脂肪11.87%，灰分0.87%，热能值2297.43（千卡/kg）。肉质鲜嫩，品质优良，蛋白质含量高，脂肪少，肌纤维较细，灰分较高或矿物质丰富，热能值和氨基酸含量高，是深受消费者青睐的无污染天然绿色食品。据测定，在自然放牧状况下，秋末成年牛宰前公牛活重272.65±37.41kg，母牛217.53±15.53kg；胴体公牛重141.63±19.44kg，母牛113.33±10.00kg，屠宰率为52.0%，净肉率为39.94%，大腿肌肉厚度为6.1cm，腰部肌肉厚度为3.2cm；背部脂肪厚度3mm，腰部脂肪厚度为8mm；眼肌面积37.92cm^2，骨肉比：公牛1：2.4，母牛1：3.7。1~4岁牛平均日增重：公牛分别为162.2g、157.3g、114.8g和136.2g；母牛分别为160.5g、154.8g、71.5g和52.9g。

四、发展前景

天祝白牦牛是我国特有珍贵动物，是宝贵的畜牧资源，保护和发展天祝白牦牛，提高其生产性能，产品系列开发利用，对促进民族地区的经济发展，支援国家建设等方面，具有重大的现实意义和深远的历史意义。为此，建议建立中国天祝白牦牛自然保护区。继续组织实施天祝白牦牛保种选育，采用冷冻精液人工授精技术，进行纯种繁育。重点搞好天祝白牦牛种质保护，为国家保护和保存优良畜种种质基因，丰富国家优良畜种遗传基因库，使这一宝贵的畜牧资源发挥其应有的作用

第六节　渤海黑牛

黑牛：牛的颜色一个种类。名词，哺乳动物，反刍类，身体大，趾端有蹄，头上长有一对角，尾巴尖端有长毛。

在港澳地区，有一种被称为“黑金刚”的牛很受欢迎，这种牛就是产在山东的“渤海黑牛”（见图6–13），为我国罕见的黑毛牛品种。

图6–13　山东渤海黑牛

一、品种特性

渤海黑牛为中国罕见的黑毛牛品种，中国良种牛育种委员会将该牛列为中国八大名牛之一。属于黄牛科，是世界上三大黑毛黄牛品种之一，因为它全身被黑，传统上一直叫它渤海黑牛，是山东省环渤海县经过长期驯化和选育而成的优良品种。渤海黑牛全身呈黑色，低身广躯，后躯发达，体质健壮，形似雄

狮，当地称为“抓地虎”，港澳誉为“黑金刚”。渤海黑牛成年公牛、阉牛体高133厘米左右，体重460公斤左右，母牛体高一般120厘米左右，体重360公斤。渤海黑牛平均屠宰率53.13%，净肉率44.72%，胴体产肉率84.18%，胴体骨肉比1：5.09。20世纪90年代开始出口日本、中国香港等国家和地区，被誉为“黑金刚”（见图6-14）。

图6-14 “黑金刚”

二、生产情况

为保障渤海黑牛的产量与质量，无棣县华兴渤海黑牛良种繁育有限公司充分利用渤海黑牛原产地优势，依托无棣县渤海黑牛繁育合作社，采取“公司+合作社+基地+农户”的运营管理模式，定时将养殖课件送到养殖户手中，并对养殖户集中培训养殖知识。公司还与养殖户达成"预付收购定金500元，提供60元的冷配费用，每公斤高出市场价8元收购的惠农协议，积极引导成员进行渤海黑牛繁育与育肥。2011年，无棣县华兴渤海黑牛良种繁育有限公司已与县内42个养牛大户和1022户社员签订渤海黑牛繁育及育肥合同，合同养殖量达1万多头，成员人均增收近2000元。

品种保护

20世纪的黄牛改良和肉牛改良，给渤海黑牛这一品种带来很大的冲击，中心产区存养量急剧下降，分布范围日渐缩小。特别是进入21世纪以来，随着农业机械化水平的不断提高，渤海黑牛在农业生产中的优势日趋淡化，再加上养殖成本的增加，农户不再从事渤海黑牛的养殖繁育工作，致使渤海黑牛濒临绝种。

为抢救性保护渤海黑牛种质资源，无棣县规划建设渤海黑牛良种繁育基地来进行渤海黑牛育种核心群的建设，由无棣华兴畜牧有限公司负责建设运营。2010年6月，无棣县华兴渤海黑牛良种繁育有限公司成立。2011年10月，承担着国家级渤海黑牛保种区的山东省渤海黑牛原种场迁址无棣县华兴渤海黑牛良种繁育有限公司养殖场内（见图6-15）。2011年，该公司已有纯种渤海黑牛种公牛50头，母牛380头。国家级渤海黑牛保种区内的渤海黑牛保护群由该公司负责提供纯种渤海黑牛冻精进行纯繁。

图6-15　现代黑牛养殖场

四、地理标志

根据《农产品地理标志管理办法》规定，无棣县渤海黑牛良种繁育协会申请对"无棣黑牛"（渤海黑牛）农产品实施农产品地理标志保护。经过初审、专家评审和公示，符合农产品地理标志登记程序和条件，农业部决定于2011年8月17日准予登记。

第七节　肉牛

肉牛即肉用牛，是一类以生产牛肉为主的牛（见图6-16）。肉牛的特点是：体躯丰满、增重快、饲料利用率高、产肉性能好，肉质口感好、肉牛不仅为人们提供肉用品，还为人们提供其他副食品。肉牛养殖的前景广阔，特别是2011年11月30日，农业部发布了《全国肉牛遗传改良计划（2011~2025年）》，为推进牛群遗传改良进程，提高肉牛生产水平和经济效益提供了更广阔的空间。

图6-16　肉牛

一、区域分布

1. 优势区域的确定

吉林省圣丰牧业有限公司在优势区的选择上综合考虑了优势区域的资源、市场、区位、肉牛业发展基础及未来发展潜力等多方面的因素。一是资源优势。具有充足的牛源，可繁母牛存栏量较多，肉牛存栏增长较快，具有一定的发展潜力。二是区位优势。毗邻都市经济圈，具有良好的产销衔接，具有明确的市场定位。三是产业优势。产业基础较好，种群结构合理，进入优势区的县肉牛存栏量一般在7万头以上；具有良好的技术服务体系，拥有一定规模的屠宰与加工能力。基地县集中连片，可形成区域规模优势。本期规划拟涵盖中原肉牛区、东北肉牛区、西北肉牛区和西南肉牛区共四个优势区域，优势区域涉及17个省（自治区、直辖市）的207个县市。2007年，优势区域吉林省圣丰牧业肉牛存栏占全国的45.0%，牛肉产量占40.7%。

2. 各区发展特点与发展方向

中原肉牛区 基本情况。该区域包括4个省的51个县，其中山东14个县、河南27个县、河北6个县和安徽4个县。该区域有天然草场面积1320万亩，其中可利用草场面积1240万亩左右（见图6-17）。目标定位与主攻方向。中原肉牛区目标定位为建成为“京津冀”、“长三角”和“环渤海”经济圈提供优质牛肉的最大生产基地。未来发展要结合当地资源和基础条件，加快品种改良和基地建设，大力发展规模化、标准化、集约化的现代肉牛养殖，加强产品质量和安全监管，提高肉牛品质和养殖效益；大力发展肉牛屠宰加工业，着力培育和壮大龙头企业，打造

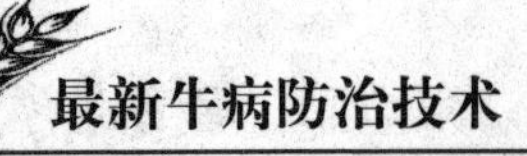

知名品牌。

图6–17　天然草场

东北肉牛区基本情况。包括5个省（区）的60个县，其中吉林16个县、黑龙江17个县、辽宁15个县、内蒙古7个县（旗）和河北北部5个县。目标定位与主攻方向。本区域目标定位为满足北方地区居民牛肉消费需求，提供部分供港活牛，并开拓日本、韩国和俄罗斯等周边国家市场。牧区要重点发展现代集约型草地畜牧业，通过调整畜群结构，加快品种改良，改变养殖方式，积极推广舍饲半舍饲养殖，为农区和农牧交错带提供架子牛。农区要全面推广秸秆青贮技术、规模化标准化育肥技术等，努力提高育肥效率和产品的质量安全水平。进一步培育和壮大龙头企业，在提升企业技术水平和加工工艺、产品质量和档次上下工夫，逐步形成完整的牛肉生产和加工体系。

西北肉牛区 基本情况。包括4个省区的29个县市，其中新疆维吾尔自治区16个县（师）、甘肃省9个县市、陕西省2个县和宁夏2个县。目标定位与主攻方向。本区域目标定位为满足西北地区牛肉需求，以清真牛肉生产为主；兼顾向中亚和中东地区出口优质肉牛产品，为育肥区提供架子牛。主攻方向是健全肉牛良繁体系和疫病防治体系，充分发挥饲料资源的优势，大力推广规模化、标准化养殖技术，努力提高繁殖成活率和牛肉质量；培育和发展加工企业，提高加工产品的质量和安全性，开拓国内外市场，带动本区域肉牛产业的快速发展。

西南肉牛区 基本情况。包括5个省市的67个县市，其中四川省5个县、重庆市3个县、云南省的35个县市、贵州省的9个县市和广西的15个县市。目标定位与主攻方向。该区域目标定位为立足南方市场，建成西南地区优质牛肉生产供应基地。主攻方向为加快南方草山草坡和各种农作物副产品资源的开发利用（见图

6-18）；大力推广三元结构种植，合理利用有效的光热资源，增加饲料饲草产量；加强现代肉牛业饲养和育肥技术的推广应用，努力在提高出栏肉牛的胴体重量和经济效益上下工夫。发展任务与建设重点：一健全优质肉牛良种繁育体系根据各优势区域品种和资源特点，以纯种繁育为基础、杂交改良为主要手段，加快良种扩繁，加大良种推广力度；建设一批种公牛站、肉牛良种繁育场和人工授精站，逐步建成现代肉牛繁育体系。加强基础母牛供应能力建设，形成性能优良的基础母牛群，提高育肥用犊牛质量。二完善肉牛标准化饲养技术体系加快建立适应各优势产区特点的集营养、饲料、牛舍设计、模式化饲养管理于一体的肉牛标准化技术生产体系和技术规程。大力推行农户繁育小牛、规模化集中育肥的生产模式，积极发展农牧结合的阶段饲养、异地育肥等饲养模式。支持优势区域发展肉牛标准化规模养殖。逐步建立牛肉产品质量安全可追溯体系，提高肉牛产品质量安全水平。尽快制定具有中国特色的活牛出栏评价体系、胴体质量评价体系和牛肉质量评价体系。三建立优质安全饲草料供应体系，培育和推广适合各优势区光热条件的优质高产牧草，研制出能延长青饲料保存时间、延缓青饲料养分损失、经济效益显著的无公害绿色添加剂，以及与各种青贮方式相配套的机械设备。开发肉牛专用安全饲料添加剂和精料补充料，改变传统饲料结构。中原、东北和西南优势产区要建立专用饲料作物基地，大力推广三元种植结构；西北优势区应在坚持生态优先的原则下，适度建设人工草地。四构筑和完善肉牛产业链体系 通过政策引导和扶持等方式，培育具有市场开拓能力、能为农民提供服务、产品有竞争力的龙头企业。提高加工企业的技术改造和技术创新能力，在推行分割技术的基础上，开发具有特色的牛肉制品，加强加工副产品开发力度，进一步

图6-18 野外散养肉牛

延伸产业链条，提高加工附加值。进一步完善牛肉加工和流通体系，规范牛肉及活牛市场，逐步建立完善以质论价制度。

二、肉牛常见疾病的症状表现及治疗方法

在肉牛生产中缺乏运动，自身免疫力下降，黄沙鳖等疾病的发生再所难免，现就将常见的几种疾病如下：

1. 口蹄疫：

它流行于一年四季。

【症状】体温升高达40~42℃，口腔黏膜红肿溃烂，有水泡。

【治疗】破发病后用抗病毒药物注射5天一疗程，2~3个疗程口腔炎症用青＋链1600万+500万+板蓝根300m1，打到口腔炎症消失为止。

2. 传染性胸膜肺炎：

主要流行于肉牛舍饲期间，环境差、运输途中。

【症状】急性，呈腹式呼吸，有典型的胸膜肺炎症状，高热、流浆液或脓性鼻液，由于呼吸困难易发出“吭”声，触诊肋间有疼痛表现。慢性：食欲时好时坏，常发干咳，胸前、腹下颈部有浮肿。

【治疗】用氟苯尼考注射液治疗。用复方盐酸林可霉素硫酸霉素+正泰霉素、治疗。

3. 牛病毒性腹泻：

主要流行4~24月龄以冬季和春季交会间多发。

【症状】急性、突然发病，体温升高达40~42℃，鼻镜口腔黏膜溃烂。舌上皮坏死，呼气恶臭，黄沙鳖，断而发生亚重腹泻，呈水样，有纤维素性伪膜和血。慢性：以持续性或间歇性腹泻和口腔黏膜发生溃疡为特征，有的皮肤皲裂，出现局限性脱毛和表皮角化。

【治疗】有条件时注射疫苗预防，发病时用抗生素和石胺类药品治疗，由于长时间带毒，故应淘汰。

4. 瘤胃积食：

由于精料饲喂过多，饮水不足，造成胃液分泌不足，食物怠滞于胃内，造成胃部坚硬如石。

【治疗】急性时做瘤胃切开状。慢性时，停饲2~3天，用健胃药灌服2~3次，并用健胃针肌注。

5. 瘤胃臌气：

是由于吃食易发酵的饲草或饲料，并粗纤维含量过大。造成肠内发生便秘阻碍气体的排出，胃内产生过多加工不能排出，致使胃内臌气。

6. 牛犊新蛔虫病

牛犊新蛔虫病是由大型线虫蛔虫寄生于4~5月龄以下牛犊小肠而引发胃肠症状的寄生虫病。水牛、黄牛和奶牛均可寄生。新蛔虫形似蚯蚓，长15~30厘米，幼虫很小，可侵入肺、肝、肾等内脏器官。严重时肠道堵塞或肠壁穿孔而急性死亡。本病流行很广，死亡损失严重，尤为1月龄、2月龄以内牛犊受害最大.

（1）感染症状

新蛔虫的感染方式，一是母牛吞食侵袭性虫卵后，虫卵在母牛体内发育为幼虫。当母牛怀孕8个半月左右，体内的幼虫通过胎盘感染胎儿，产出小牛后10~42天时，虫体在牛犊体内成熟并产卵。二是牛犊出生后，母体内的幼虫通过初乳或乳汁感染牛犊。

（2）预防措施

搞好牛舍清洁卫生，勤换垫草，勤除粪便，草粪要堆积发酵后下田；牛犊和母牛应分开饲养，以减少牛犊感染机会（见图6–19）。同时也要进行预防性驱虫，即牛犊第1次驱虫在15~30日龄，间隔30天再进行第2次驱虫；母牛怀孕8个月以上，要驱除其内脏器官中的幼虫。

图6–19　现代化养殖基地

（3）驱虫方法

左旋咪唑6~7毫克/公斤，1次内服，或3~4毫克/公斤，1次肌注。丙硫咪唑10~15毫克/公斤（成年牛用药量可加2–3倍），粉（片）剂用菜叶或树叶包好，

1次投入口腔深部吞服。敌百虫40~50毫克/公斤，配成水溶液1次灌服。驱虫灵200~250毫克/公斤，溶于水中或混入饲料中1次喂服。

（4）注意事项。

为了提高药效，在喂药前2小时停喂饲料。此外，（1）方和（3）方有一定毒副反应，用药后应注意观察和处理。驱虫应在兽医指导下进行。

7. 牛患腐蹄病

发现牛、羊患腐蹄病时应及时整修、治疗。可用清水洗净蹄部污物，除去坏死、腐烂的角质。蹄叉腐烂，可用2%～3%的来苏儿或饱和高锰酸钾溶液消毒患部，然后撒上硫酸铜或磺胺粉，可涂上磺胺软膏，用纱布包扎；若蹄底软组织腐烂，有坏死性或脓性渗出液，要彻底扩创，将所有坏死组织和脓汁都清除干净，后用2%～3%的来苏儿或饱和高锰酸钾溶液消毒患部，用酒精或高度白酒棉球擦干，并封闭患部。治疗时，选用以下药物填塞：

①用四环素粉或土霉素粉填上，外用松节油棉塞进行包扎。

②用硫酸铜和水杨酸粉或消炎粉填塞包扎，外面涂上松节油以防腐防湿。

③用碘酊棉花球涂擦，然后用麻丝填实并包扎。

④用磺胺类或抗菌素类软膏填塞包扎，外涂松节油。

8. 支气管炎与肺炎

得了支气管炎与肺炎的病牛会出现的症状是早晚咳嗽非常明显，会流清鼻涕，呼吸异常困难，体温会升高达到40℃左右。对于这种病症的防治方法是加强肉牛的防寒保暖，对肉牛的饲养管理更精心。治疗肉牛的支气管炎与肺炎的药用青霉素300～600万单位，链毒素150～200万单位，安基比林20～30毫升肌注，还有紫苏、荆芥、前胡、防风、桔梗、黄柏、麻黄、生姜都是各30克，党参、黄芪都各40克，甘草20克，水煎取汁给肉牛进行内服，连着吃2～3次就会有很好的效果。

9. 低温症

肉牛的低温症一般是因为受到寒潮的侵袭导致的。病牛的症状会出现神差食减，起卧困难，耳、鼻甚至全身都冰凉，体温在36℃以下，常常会因为衰竭而导致死亡。防治的方法是供给肉牛优质的、容易消化的饲料，加强肉牛的防寒保暖工作，同时给肉牛静脉注射1500～2000毫升的5‰～20‰的葡萄糖液，肌肉注射10～20毫升的10%樟脑磺酸，并配合中药熟附子60克，干姜、炙甘草各40克，研成粉末，开水冲稍温一次给肉牛内服，连用2~3天就会有很好的效果了。

10. 百叶干

得了这种病的肉牛精神一般会出现萎靡的症状，鼻镜会干燥而龟裂，粪便像粟一样，腹痛，反刍停止。对于这种病症的防治方法是加强肉牛饲养管理，给肉牛的饮食搭配喂青料，供给肉牛足够的饮水，加强肉牛的运动。并且同时让肉牛服用药物治疗，药用硫酸钠500克，对水500毫升，一次内服；或用白糖、蜂蜜250克，兑上500毫升水，一次性给肉牛内服，同时向肉牛的瓣胃中注入30%的硫酸钠溶液400毫升来进行治疗。

11. 风湿症

风湿症的患牛后躯板直，起卧困难，食量减少。治疗方法可以用热敷的方法，用15公斤的黑豆，0.5公斤的醋，1条面袋。把黑豆炒热，加一些醋搅拌均匀，趁热装入面袋平搭于患牛腰上热敷1小时，每天敷2次，连着敷3天。同时给肉牛吃茴香散，效果会更好。

第六章　快速诊疗对比参数

第一节　诊断对比参数

一、牛的正常生理指标

1. 三项基本常数

品种＼项目	体温（℃）	呼吸（次/分）	脉搏（次/分）
黄牛或奶牛	37.5～39.0	10～30	40～80
水牛	37.5～39.5	10～20	40～80

2. 反刍与嗳气规律

饭后反刍出现时间（分钟）	反刍次数（每昼夜）	每次反刍持续时间（分钟）	每食团咀嚼次数（倒沫次数）	嗳气次数（每小时）	2分钟瘤胃蠕动次数
20～30	4～8	40～50	40～60	20～40	5

3. 排粪排尿情况

排粪（次/昼夜）	粪量（千克/昼夜）	排尿（次/昼夜）	尿量（升/昼夜）	尿色	酸碱度
12～18	15～40	5～6	6～12	淡黄、透明	一般呈碱性

二、母牛生殖周期数据

牛＼项目	发情周期（天）	发情持续期（天）	妊娠期（天）	哺乳期（月）
黄牛与奶牛	18～25（平均21天）	1～2	285（9个半月）	黄牛6 奶牛4
水牛	20～28	1～3（一般2天）	315～335（11个月）	6

第二节　治疗对比参数

一、常用医用计量单位换算表

类　别	缩写符号	中文名称	与主单位关系
长度	m dm cm mm μm nm	米 分米 厘米 毫米 微米 纳米	1（主单位） 1/10 1/100 1/1 000 1/1 000 000 1/1 000 000 000
质量	kg g mg ng pg T或t	千克 克 毫克 纳克 皮克 吨	1（主单位） 1/1 000 1/1 000 000 1/1 000 000 000 000 1/1 000 000 000 000 000 1000
容量	L ml μl UKgal usgal	升 毫升 微升 加仑（英） 加仑（美）	1（主单位） 1/1 000 1/1 000 000 4.546升 3.785升
热量	J MJ cal kcal Mcal	焦耳 兆焦耳 卡 千卡，大卡 兆卡	1（主单位） 10^6焦耳 4.184焦耳 4 184焦耳 4 184 000焦耳
浓度	ppm ppb ppt	百万分之一 十亿分之一 万亿分之一	10^{-6}，0.000 1%（1毫克/千克） 10^{-9}，0.000 000 1%（1微克/千克） 10^{-12}，0.000 000 000 1%（1微克/吨）

二、常用西药的配伍禁忌简表

类　别	药　物	禁忌配合的药物	变化
抗生素	青霉素	酸性药液如盐酸氯丙嗪、四环素类提高抗生素的注射液	沉淀、分解失效
		碱性药液如磺胺药、碳酸氢钠的注射液	沉淀、分解失效
		高浓度酒精、重金属盐	破坏、失效
		氧化剂如高锰酸钾	破坏、失效

续表

类别	药物	禁忌配合的药物	变化
抗生素	青霉素	快效抑制剂如四环素、氯霉素	疗效减低
	红霉素	碱性溶液如磺胺、碳酸氢钠注射液	沉淀、析出游离碱
		氯化钠、氯化钙	混浊、沉淀
		林可霉素	出现拮抗作用
	链霉素	较强的酸、碱性液	破坏、失效
		氧化剂、还原剂	破坏、失效
		利尿酸	肾毒性增大
		多黏菌素E	骨骼肌松弛
抗生素	四环素类抗生素如四环素、土霉素、金霉素、强力毒素	中性及碱性溶液如碳酸氢钠注射液	分解、失效
		生物碱沉淀剂	沉淀、失效
		阳离子（一价、二价或三价离子）	形成不溶性难吸收的络合物
	先锋霉素	强效利尿药	增大对肾脏的毒性
合成抗菌药	磺胺类药物	酸性药物	析出沉淀
		普鲁卡因	疗效减低或无效
		氯化铵	增加肾脏毒性
	氟喹诺酮类药物如诺氟沙星、环丙沙星、氧氟沙星、洛美沙星、恩诺沙星等	氯霉素、呋喃类药物	疗效减低
		金属阳离子	形成不溶性难吸收的络合物
		强酸性药液或强碱性药物	析出沉淀
消毒防腐液	漂白粉	酸类	分解、放出氧
	乙醇	氯化剂、无机盐等	氧化、沉淀
	硼酸	碱性物质	生成硼酸盐
		鞣酸	疗效减弱
	碘及其制剂	氨水、铵盐类	生成爆炸性碘化氮
		重金属盐	沉淀
		生物碱类药物	析出生物碱沉淀
		淀粉	呈蓝色
		龙胆紫	疗效减弱
		挥发油	分解、失效

附录：常见牛病防治问答

1. 如何观察牛的几项正常生理指标？

食欲是牛健康的最可靠指证，一般情况下，只要生病，首先就会影响到牛的食欲，早上给料时看饲槽是否有剩料，对于早期发现疾病是十分重要的。另外，反刍能很好地反映牛的健康状况。健康牛每日反刍8小时左右，特别晚间反刍较多。

成年牛的正常体温为38～39℃，犊牛为38.5～39.8℃。

成年牛每分钟呼吸15～35次，犊牛20～50次。

一般成年牛脉搏数为每分钟60～80次，青年牛70–90次，犊牛为90～110次。

正常牛每日排粪10～15次，排尿8～10次。健康牛的粪便有适当硬度，牛粪为一节一节的，但肥育牛粪稍软，排泄次数一般也稍多，尿一般透明，略带黄色。

2. 怎样给牛测体温？

一般需测牛的直肠温度。测温前，先把体温计的水银柱甩到35℃以下，涂上润滑剂或水。检查人站在牛正后方，左手提起牛尾，右手将体温计向前上方徐徐插入肛门内，用体温计夹子夹在尾根部毛上，3～5分钟后取出，查看读数。

3. 怎样观察牛咳嗽？

健康牛通常不咳嗽，或仅发一两声咳嗽。如连续多次咳嗽，常为病态。通常将咳嗽分为干咳、湿咳和痛咳。干咳，声音清脆，短而干，疼痛比较明显。干咳常见于喉炎、气管异物、气管炎、慢性支气管炎、胸膜肺炎和肺结核病。温咳，声音湿而长、钝浊，随咳嗽从鼻孔流出大量鼻液。湿咳常见于咽喉炎、支气管炎、支气管肺炎。痛咳，咳嗽时声音短而弱，病牛伸颈摇头。痛咳见于呼吸道异物、异物性肺炎、急性喉炎、胸膜炎、创伤性网胃炎、创伤性心包炎等。止外，还可见经常性咳嗽，即咳嗽持续时间长，常见于肺结核病和慢性支气管炎。

4. 怎样观察牛反刍？

健康牛一般在喂后半小时至一小时开始反刍，通常在安静或休息状态下进行。每天反刍4–10次，每次持续约20–40分钟，有时到1小时，反刍时返回口腔的

每个食团大约进行40-70次咀嚼，然后再咽下。

5. 怎样观察牛嗳气？

健康牛一般每小时嗳气20-40次。嗳气时，可在牛的左侧颈静脉沟处看到由下而上的气体移动波，有时还可听到咕噜声。嗳气减少，见于前胃迟缓、瘤胃积食、真胃疾病、瓣胃积食、创伤性网胃炎、继发前胃功能障碍的传染病和热性病。嗳气停止，见于食道梗塞，严重的前胃功能障碍，常继发瘤胃臌气。当牛发生慢性瘤胃迟缓时，嗳出的气体常带有酸臭味。

6. 怎样检查牛的眼结膜？

检查牛眼结膜，通常需检查牛的眼球结膜，即巩膜和眼睑结膜。检查时，两手持牛角，使牛头转向侧方，巩膜自然露出。检查眼睑结膜时，用大拇指将下眼睑压开。结膜苍白、结膜弥漫性潮红和结膜黄染等变化，均属疾病状态。

7. 怎样检查牛的呼吸数？

在安静状态下检查牛的呼吸数。一般站在牛胸部的前侧方或腹部的后侧方观察，胸腹部的一起一伏是一次呼吸。计算1分钟的呼吸次数，健康犊牛为每分钟20-50次，成年牛每分钟为15-35次。在炎热季节、外界温度过高、日光直射、圈舍通风不良时，牛的呼吸数增多。

8. 怎样检查牛的呼吸方式？

健康牛的呼吸方式呈胸腹式，即呼吸时胸壁和腹壁的运动强度基本相等。检查牛的呼吸方式，应注意牛的胸部和腹部起伏动作的协调和强度。如出现胸式呼吸，即胸壁的起伏动作特别明显，多见于急性瘤胃臌气、急性创伤性心包炎、急性腹膜炎、腹腔大量积液等。如出现腹式呼吸，即腹壁的起伏动作特别明显，常提示病变在胸壁，多见于急性胸膜炎、胸膜肺炎、胸腔大量积液、心包炎及肋骨骨折、慢性肺气肿等。

9. 如何检查牛的脉搏数？

在安静状态下检查牛的脉搏数。通常是触摸牛的尾中动脉。检查人站立在牛的正后方，左手将牛的毛根略微抬起，用右手的食指和中指压在尾腹面的尾中动脉上进行计数。计算1分钟的脉搏数。

10. 怎样看牛的鼻液是否正常？

健康牛有少量的鼻液，并常用舌头舔掉。如见较多鼻液流出则可能为病态。通常可见粘液性鼻液、脓性鼻液、腐败性鼻液、鼻液中混有鲜血、鼻液呈粉红色、铁锈色鼻液。鼻液仅从一侧鼻孔流出，见于单侧的鼻炎、副鼻窦炎。

11. 怎样检查牛的口腔及注意事项？

进行牛的口腔检查，用一只手的拇指和食指，从两侧鼻孔捏住鼻中隔并向上提，同时用另一只手握住舌并拉出口腔外，即可对牛的口腔全面观察。健康牛口粘膜为粉红色，有光泽。口粘膜有水泡，常见于水泡性口炎和口蹄疫。口腔过分湿润或大量流涎，常见于口炎、咽炎、食道梗塞、某些中毒性疾病和口蹄疫。口腔干燥，见于热性病，长期腹泻等。当牛食欲下降或废绝，或患有口腔疾病时，口内常发生异常的臭味。当患有热性病及胃肠炎时，舌苔常呈灰白或灰黄色。

12. 怎样看牛排粪是否正常？

正常牛在排粪时，背部微弓起，后肢稍微开张并略往前伸。每天排粪10–18次。排粪带痛，在排粪时表现疼痛不安，弓腰努责，常见于腹膜炎、直肠损伤和创伤性网胃炎等。牛不断地做排粪动作，但排不出粪或仅排出很少量，见于直肠炎。病牛不采取排粪姿势，就不自主地排出粪便，见于持续性腹泻和腰荐部脊髓损伤。排粪次数增多，不断排出粥样或水样便，即为腹泻，见于肠炎、肠结核、副结核及犊牛副伤寒等。排粪次数减少、排粪量减少，粪便干硬、色暗，外表有粘液，见于便秘、前胃病和热性病等。

13. 怎样检查牛排尿？

观察牛在排尿过程中的行为与姿势是否异常。牛排尿异常有：多尿、少尿、频尿、无尿、尿失禁、尿淋漓和排尿疼痛。

14. 如何进行尿液感观检查？

尿液感观检查，主要是检查尿液的颜色、气味及其数量等。健康牛的新鲜尿液呈清亮透明，呈浅黄色。如排出的尿液异常有：强烈氨味、醋酮味、尿色变深、尿色深黄、红尿、白尿和尿中混有脓汁。

15. 怎样给牛进行皮下注射牛打针？

皮下注射，是将药液注于皮下组织内，一般经5–10分钟起作用。一般选择在颈侧或肩胛后方的胸侧皮肤进行注射。注射前，剪毛消毒，一只手提起皮肤呈三角形，另一只持注射器，沿三角形基部刺入皮下，进针2–3厘米，抽动活塞，不见回血，就可推注药液。注完药液后迅速拔出针头，局部以碘酊或酒精棉球压迫针孔。

16. 怎样给牛进行肌肉注射？

肌肉注射，是将药液注于肌肉组织中，一般选择在肌肉丰富的臀部和颈侧。

注射前，剪毛消毒，然后将针头垂直刺入肌肉适当深度，接上注射器，回抽活塞无回血即可注入药液。注射后拔出针头，注射部位涂以碘酊或酒精。注意，在注射时不要把针头全部刺入肌肉内，一般为3-5厘米，以免针头折断时不易取出。过强的刺激药，如水合氯醛、氯化钙、水扬酸钠等，不能进行肌肉注射。

17. 怎样给牛进行静脉注射?

静脉注射，多选在颈沟上1/3和中1/3交界处的颈静脉血管。必要时也可选乳静脉进行注射。注射前，局部剪毛消毒，排尽注射器或输液管中气体。以左手按压注射部下边，使血管怒张，右手持针，在按压点上方约2厘米处，垂直或呈45度角刺入静脉内，见回血后，将针头继续顺血管推进1-2厘米，接上针筒或输液管，用手扶持或用夹子把胶管固定在颈部，缓缓注入药液。注射完毕，迅速拔出针头，用酒精棉球压住针孔，按压片刻，最后涂以碘酒。注射时，对牛要确实保定，注入大量药液时速度要慢，以每分钟30-60滴为宜，药液应加温至接近体温，一定要排净注射器或胶管中的空气。注射刺激性的药液时不能漏到血管外。

18. 牛口炎有何临床表现?

采食、咀嚼障碍和流涎。病初，粘膜干燥，口腔发热，唾液量少。随疾病发展，唾液分泌增多，在唇缘附着白色泡沫并不断地由口角流下，常混有食屑、血丝。口粘膜感觉敏感，采食、咀嚼缓慢，严重时可在咀嚼中将食团吐出。开口检查时可见粘膜潮红、温热、疼痛、肿胀，口有甘臭味。舌面有舌苔，在口腔粘膜有溃疡面，大小不等。全身症状轻微。

19. 如何治疗牛口炎?

（1）用3%左右的碳酸氢钠溶液冲洗口腔。

（2）用0.1%的高锰酸钾溶液冲洗口腔。

（3）用0.1%的雷夫奴尔溶液冲洗口腔。

（4）如果唾液多，则用2%-5%的硼酸溶液或者1%-2%的明矾溶液、2%左右的甲紫溶液冲洗口腔。

（5）用0.2%-0.6%的硝酸银溶液涂搽口腔

（6）用10%左右的磺胺甘油乳剂涂搽口腔。

（7）如果病牛口腔溃烂、溃疡处可涂搽碘甘油。

（8）用磺胺噻唑40克，小苏打35克，蜂蜜150-250克，混合后涂在病牛的舌头上让其舔服。

（9）有全身炎症时，可以肌肉注射青霉素或者磺胺噻唑钠，连续注射5天左右。

20．牛异食癖是如何发生的？

异食癖是指由于环境、营养、内分泌和遗传等因素引起的舔食啃咬通常不采食的异物为特征的一种顽固性味觉错乱的新陈代谢障碍性疾病。病因，（1）饲料单一。钠、铜、钴、锰、铁、碘、磷等矿物质不足，特别是钠盐的不足。（2）钙、磷比例失调。（3）某些维生素的缺乏。（4）患有佝偻病、软骨病、慢性消化不良、前胃疾病、某些寄生虫病等可成为异食的诱发因素。

21．牛异食癖有何临床表现？

主要表现为（1）乱吃杂物，如粪尿、污水、垫草、墙壁、食槽、墙土、新垫土、砖瓦块、煤渣、破布、围栏产后胎衣等。（2）患牛易惊恐，对外界刺激敏感性增高，以后则迟钝。（3）患牛逐渐消瘦、贫血，常引起消化不良，食欲进一步恶化。在发病初期多便秘，其后下痢或便秘和下痢交替出现。（4）怀孕的母牛，可在妊娠的不同阶段发生流产。

22．如何治疗牛异嗜癖？

治疗原则是缺什么，补什么。继发性的疾病应从治疗原发病入手。（1）钙缺乏的补充钙盐。如磷酸氢钙。注射一些促进钙吸收的药物如1%维生素D5–15毫升。维生素AD5–15毫升。也可内服鱼肝油20–60毫升。碱缺乏的供给食盐、小苏打、人工盐。（2）贫血和微量元素缺乏时，可内服氯化钴0.005–0.04克，硫酸铜0.07–0.3克。缺硒时，肌肉注射0.1%亚硒酸钠5–8ml。（3）调节中枢神经可静脉注射安溴100毫升或盐酸普鲁卡因0.5–1克。氢化可的松0.5克加入10%葡萄糖中静脉注射。（4）瘤胃环境的调节：可用酵母片100片，生长素20克，胃蛋白酶15片，龙胆末50克，麦芽粉100克，石膏粉40克，滑石粉40克，多糖钙片40片，复合维生素B20片，人工盐100克混合一次内服。1日一剂连用5天。

23．如何预防牛异嗜癖？

必须在病原学诊断的基础上，有的放矢地改善饲养管理。应根据动物的不同生长阶段的营养需要喂给全价配合饲料。当发现异食癖时，适当增加矿物质和微量元素的添加量，此外喂料要定时、定量、定饲养员，不喂冰冻和霉败的饲料。在饲喂青贮饲料的同时，加喂一些青干草。同时根据牛场的环境，合理安排牛群密度，搞好环境卫生。对寄生虫病进行流行病学调查，从犊牛出生到老龄淘汰，

定期驱虫，以防寄生虫诱发的恶癖。

24. 牛食道梗塞是如何发生的？

该病又称为食管阻塞，是由于吞咽物过于粗大或咽下机能紊乱所致发的一种食管疾病。常因采食胡萝卜、白薯类块根或未被打破和泡软的饼类饲料所引起。突然发生采食中止，头颈伸直、流涎、咳嗽，不断咀嚼伴有吞咽而不能的动作，摇头晃脑，惊恐不安。可分食道前部与胸部食道阻塞两种。食道前部阻塞可以在颈侧摸到，而胸部阻塞可从食道积满唾液的波动感诊断。

25. 如何治疗牛食道梗塞？

主要是及时排出食道阻塞物，使之畅通。如将阻塞物从口中取出法(将阻塞物向口腔推压然后一人用手从口腔中取物)。或采用压入法，将胸部食道阻塞物用胃管向下推送入胃，或连接打气管气压推进。也可采用强制运动法，如将牛头与前肢系部拴在一起，然后强制牛运动20～30分钟，借助颈肌运动促使阻塞物进入瘤胃。预防，主要是饲料加工规格化，块根饲料加工达到一定的碎度可以根除本病。

26. 牛前胃弛缓是如何发生的，有何临床表现？

该病是指前胃神经肌肉感受性降低，收缩力减弱，瘤胃内容物迟滞所引起的一种消化不良综合征。常因长期大量饲喂粗硬难消化的饲料，过食浓厚、劣质、发霉变质糟渣饲料，运动不足，维生素、矿物质缺乏所致；也可继发于其他疾病。病初，食欲减退、瘤胃蠕动减弱或丧失，反刍次数减少后期停止，间歇性胀肚。后期排出黑便、干粪，外有粘液、恶臭、有时干稀交替发生，呈现酸中毒症状。久病不愈者多数转为肠炎、排棕色稀便。

27. 如何治疗牛前胃弛缓？

为排出前胃内容物，可选用缓泻止酵剂，如硫酸钠、酒精、鱼石脂或豆油1000毫升。为加强前胃蠕动，可用灌服吐酒石酸锑钾和番木别丁，同时配合瘤胃按摩和牵引运动。当呈现酸中毒症状时可用葡萄糖盐水、碳酸氢钠、安那加静注。

28. 如何诊治牛瘤胃积食？

该病又称瘤胃食滞，瘤胃阻塞，也称为急性瘤胃扩张，中医称宿草不转。是因前胃收缩力减弱，采食的大量干燥饲料停滞所致发的急性瘤胃扩张。主要是因采食饲料过多引起，是牛常发生的一种疾病。主要表现为，病初食欲、反刍、嗳气减少或停止，背拱起时作怒责状，头向后躯顾盼，后肢踢腹，磨牙、摇尾、呻吟，站立不安，时卧时起，卧地时一般右侧横卧。预防，主要是草不要剁得太短；填精料时要注意与草拌匀，没分槽定位的牛不能精料归堆，不能让一头牛独占独食过多精料。治疗：主要是泻下，可投入500—1,000克硫酸钠（镁）溶液，也可用液体石油，同时对严重的牛可进行补液，防止酸中毒。每次可补2,000—4,000毫升，加入碳酸氢钠300—600毫升，同时也可给刺激瘤胃兴奋的药，如新期的明、氨钾酰胆碱等。

29. 牛瘤胃臌气是如何发生的，有何临床表现？

该病俗称胀肚。主要是因牛采食大量的易发酵饲料导致大量气体产生，嗳气受阻，引起瘤胃急剧过度膨胀。原发性瘤胃臌气主要是由于采食大量易发酵饲料，如：早春第一次放牧或舍饲大量青嫩多汁牧草，尤其是豆科牧草，或食入腐败变质饲料。继发性瘤胃臌气常继发于食道阻塞，瓣胃弛缓和阻塞、真胃溃疡和扭转、创伤性网胃炎等。一般起病急，腹围迅速增大、左侧肷窝最明显，叩诊呈鼓音，听诊瘤胃初期蠕动增强，以后转弱，甚至消失。

30. 如何治疗牛瘤胃膨气？

治疗以排出瘤胃积气和止酵为主，并结合输液等全身疗法。病轻时可将牛牵到前高后低的坡地上，高抬牛头以手牵舌诱发嗳气和用拳按摩瘤胃相配合。病重时可施瘤胃穿刺放气，放气开始要慢慢进行，防止脑贫血的发生，术前可注射强心药。放气后半小时可口服止酵药物，如鱼石脂、酒精、蓖麻油、茴香油等。

31. 如何诊治瓣胃秘结？

该病中医称为“百叶干”，是前胃弛缓，瓣胃收缩力减弱，内容物充满、干燥所致发的瓣胃阻塞和扩张。多发于冬、春季节。 主要是采食了大量的坚硬含粗纤维多的、带泥沙不洁的糟、糠和霜冻饲料，饮水量又不足。也可继发于前胃迟缓、瘤胃积食、真胃阻塞、扭转等病的过程中。初期与一般消化不良相似。1周后体温上升，饮、食欲废绝，反刍停止，鼻镜干燥无汗甚至龟裂、伴有呻吟。排粪减少呈顽固性便秘，排算盘珠或栗子样干便、附有粘液。

治疗，宜增加瓣胃蠕动，软化干硬内容物促使其排出。多用液体石蜡、蓖麻油以及浓盐水、葡萄糖液、安那加静注。也可在医生指导下往瓣胃内注射硫酸镁液，液体石蜡、鱼石脂。

32. 如何诊治牛便秘？

便秘是因肠平滑肌蠕动机能降低所致的排粪迟滞，常发于结肠。多见于成年牛、老龄牛。主要原因是饲料过粗、缺乏饮水、重度使役；长期大量饲喂浓质料，或饲料过干，混有大量植物根须、毛发，阻塞肠管。临床上主要表现为腹痛、排粪停止，脱水。病牛不吃不喝，反刍减少或废绝，有的拱背、努责，屡呈排便姿势，或蹲伏，或后肢踢腹部，有的喜卧不愿站立，后期排便停止，或仅排出一些胶胨样团块，并呈现脱水症状。预防该病主要是供给充足的饮水，减少粗老、干硬饲料。一但牛患便秘，应采取镇痛、通便、补液、强心的治疗原则。镇痛可选用哌替啶注射液或阿片酊；通便可投服硫酸镁或硫酸钠500–800克，也可用液体石腊1500–2000毫升；上述方法无效后，可进行直肠破结法。

33. 牛胃肠炎是如何发生的？有何临床表现？

胃肠炎是指胃肠粘膜及其深层组织发生的炎症。主要是因胃肠受到强烈有害的刺激所致，多因吃了品质不良的草料，如霉变的干草、冷冻腐烂块根、草料，变质的玉米等；有毒植物、刺激性药物及误食农药污染的草料，可直接造成胃肠粘膜损伤，引起胃肠炎；因营养不良、过度劳役或长途运输造成机体抵抗力降低，使胃肠道内的条件性致病菌（大肠杆菌、坏死杆菌等）毒力增强而引起胃肠炎，此外，滥用抗生素，也可造成胃肠菌群紊乱，引起二重感染。主要临床表现为剧烈腹泻，粪便稀薄，常混有粘液、血液及脱落的坏死组织碎片等，有时混有脓汁，气味恶臭。病程延长，出现里急后重等症状。此外，可见病牛精神沉郁，食欲废绝，饮欲增加，反刍停止，体温升高等症状。

34. 如何治疗牛胃肠炎？

治疗，首先要除以病因，加强护理，绝食1–2天，以后喂给少量柔软易消化的饲料，病初或虽排恶臭稀便，但排粪不通畅时，应清理胃肠，给予300–400克硫酸钠（镁）缓泻药等。当肠内容物已基本排空，粪的臭味不大而仍腹泻不止时，则要止泻，用0.1%高锰酸钾液3000–5000毫升内服，或用其他止泻药。消除炎症，可选用抗生素等。肠道出血可给予维生素K。此外，应根据情况给予补液和缓解酸中毒。

女性 情绪控制课

别再为小事而抓狂

舒涓 著

中国纺织出版社

内 容 提 要

面对生老病死这样的大事件，我们往往都能用理智劝解自己，可遇到了鸡毛蒜皮的琐事，却总是忍不住抓狂。然而，生活中的大事件是有数的，琐事却数不清，经常小题大做，被情绪牵着鼻子走，就会忽视真正重要的事，也无心去感受和发现美好。聪明的人并不一味地追求快乐，而是竭力避免不快乐。生命有限，事无完美，放过无关紧要的琐事，放弃钻牛角尖，就是放过自己、善待自己。

图书在版编目（CIP）数据

女性情绪控制课：别再为小事而抓狂／舒涓著. —北京：中国纺织出版社，2019. 5（2023.5重印）

ISBN 978-7-5180-5923-2

Ⅰ.①女… Ⅱ.①舒… Ⅲ.①女性—情绪—自我控制—通俗读物 Ⅳ.①B842.6-49

中国版本图书馆CIP数据核字（2019）第020338号

策划编辑：郝珊珊　　　　责任印制：储志伟

中国纺织出版社出版发行

地址：北京市朝阳区百子湾东里A407号楼　邮政编码：100124

销售电话：010－67004422　传真：010－87155801

http：//www.c-textilep.com

E-mail：faxing@c-textilep.com

中国纺织出版社天猫旗舰店

官方微博http：//weibo.com/2119887771

永清县晔盛亚胶印有限公司印刷　各地新华书店经销

2019年5月第1版　2023年5月第2次印刷

开本：710×1000　1/16　印张：13

字数：110千字　定价：68.00元
